239

UN SAVANT, UNE ÉPOQUE

Collection dirigée par J. Dhombres

CAUCHY

1789 - 1857

UN MATHÉMATICIEN LÉGITIMISTE AU XIXe SIÈCLE

par Bruno Belhoste

Préface de Jean Dhombres
Président de la Société Française
d'Histoire des Sciences
et des Techniques

BELIN
8, rue Férou, 75006 Paris

A Catherine

Ouvrage publié avec le concours du Centre National des Lettres.

En couverture : portrait de Louis-Augustin Cauchy peint vers 1840 par J. Roller. Ce tableau se trouve au Musée de l'Ile-de-France à Sceaux. (B. Belhoste)

 ISBN 2-7011-0510-2.

TABLE DES MATIÈRES

PRÉFACE	7
CHAPITRE I **Vocation**	11
La famille	11
La première éducation	15
La formation d'ingénieur	19
Le séjour à Cherbourg	25
THÈME 1 **Sur les polygones et les polyèdres**	34
CHAPITRE II **Nominations**	45
Ingénieur à Paris	45
L'antichambre de l'Académie	51
Les bénéfices d'une épuration	58
THÈME 2 **Le calcul des substitutions**	65
CHAPITRE III **Consécration**	75
L'enseignement à Polytechnique	78
La publication des cours	85
Autres activités scientifiques	92
Cauchy et les mathématiciens de son temps	94
THÈME 3 **Sur les fondements de l'analyse**	101
CHAPITRE IV **Exil**	113
Un congréganiste à l'Académie	113
La Révolution de 1830	122
Le séjour à Turin	127
L'éducation du duc de Bordeaux	130
THÈME 4 **La théorie de l'élasticité**	144
CHAPITRE V **Quarantaine**	153
Le retour	154
Le combat pour les jésuites	159
Le premier échec au Collège de France	166
Un splendide isolement	174
THÈME 5 **La théorie des fonctions**	179
CHAPITRE VI **Accomplissement**	197
Cauchy à la Sorbonne	197
Le second échec au Collège de France	201
Dernières années	209
CHRONOLOGIE	215
BIBLIOGRAPHIE	219
INDEX	221

PRÉFACE

Après dix années de bouleversements radicaux, la France de 1799, la Grande Nation, aspire à une stabilité politique qui permettrait seule d'engranger les acquis révolutionnaires. Parmi ces acquis figurent l'attribution des places de gestion et de décision dans le pays, l'accès à la notabilité, d'après le mérite propre de chacun et non plus par clientèle courtisane ou privilège nobiliaire. L'École Polytechnique, fruit de la Convention thermidorienne, est le symbole durable d'une méritocratie vantée par tant de discours dithyrambiques mais encore balbutiante dans la réalité des fonctions, en dehors de l'armée et de la haute administration. Du coup, les candidats se pressent et les premières promotions de polytechniciens fourmillent de noms qui marquèrent le paysage intellectuel, technique et social français ; des ingénieurs, des savants, des administrateurs et des militaires. Parmi tous ces noms, celui de Cauchy, né avec la Révolution et entré à l'École Polytechnique en 1805, est le plus grand, comme mathématicien, et comme professeur.

Premier paradoxe, Cauchy, brillant sujet du concours, n'entre pas à l'Académie des Sciences par la voie normale de l'élection — ironiquement l'Académie était une des rares instances électives de l'Ancien Régime — mais par nomination royale en 1816, à l'occasion du retour des Bourbons, dans la foulée de l'épuration odieuse de Monge et de Carnot. Vengeance du sort, toute sa vie durant, Cauchy aura maille à partir avec ses collègues et les instances de l'État lors d'élections à des postes, au Collège de France en particulier, comme le décrit Bruno Belhoste dans son attachante biographie.

Second paradoxe, Cauchy est royaliste, pire même, il est ultra, et catholique militant de surcroît. Or, les instances révolutionnaires en imposant, au mépris des humanités classiques, une sélection de certaines élites par les seules mathématiques — cas du concours de l'École Polytechnique — espéraient entre autres réaliser l'éradication du sentiment religieux au profit d'une morale civique, de la Liberté, de l'Égalité, et de la Fraternité, morale tendue vers le progrès et donc le bonheur. Témoin Laplace, quelquefois qualifié de Newton français, tant sa force calculatrice fut grande, qui le conduisit à assurer la stabilité du système constitué par le Soleil et ses planètes, dont notre Terre, sans intervention du divin horloger. Il concluait ainsi en 1796 son *Exposition du Système du Monde* :

« Conservons avec soin, augmentons le dépôt de ces hautes connaissances, les délices des êtres pensants. Elles ont rendu d'importants services à l'agriculture, à la navigation et à la géographie; mais leur plus grand bienfait est d'avoir dissipé les craintes occasionnées par les phénomènes célestes et détruit

les erreurs nées de l'ignorance de nos vrais rapports avec la nature, erreurs d'autant plus funestes que l'ordre social doit reposer uniquement sur ces rapports : Vérité, Justice, voilà ses lois immuables. Loin de nous la dangereuse maxime, qu'il est quelquefois utile de s'en écarter, et de tromper ou d'asservir les hommes pour assurer leur bonheur : de fatales expériences ont prouvé dans tous les temps, que ces lois sacrées ne sont jamais impunément enfreintes. »

Cauchy, en introduction à son *Cours d'Analyse Algébrique* de l'École Polytechnique de 1821 et en réponse, limite singulièrement la portée sociale du mouvement scientifique et les conséquences du progrès des connaissances :

« *Cultivons avec ardeur les sciences mathématiques, sans vouloir les étendre au-delà de leur domaine ; et n'allons pas nous imaginer qu'on puisse attaquer l'histoire avec des formules, ni donner pour sanction à la morale des théorèmes d'algèbre ou de calcul intégral.* »

Cauchy incarne ainsi son temps, celui du Romantisme, comme Laplace représentait celui des Lumières. Car c'est bien un temps de l'histoire que Bruno Belhoste nous invite à découvrir.

Certes, il a choisi de le faire avec la vie d'un scientifique, et de la pire espèce, puisqu'il a élu un mathématicien. Un choix que peu d'historiens osent tenter : bien souvent on ne glorifie la science que pour mieux continuer à l'ignorer. On goûtera la richesse et l'intérêt de ce choix, grâce à l'information précise de l'auteur, à sa rigueur d'historien, à son goût pour les mathématiques.

Richesse d'abord parce que l'auteur a choisi de présenter ce livre comme un itinéraire. Chacun des six chapitres décrit une étape dans une longue carrière, aux contacts multiples, de l'ère napoléonienne à la résurgence barbichue d'un autre Napoléon, dans le réseau serré des collègues et rivaux, des démonstrations nouvelles et des changements de mode intellectuelle. Et l'étape professorale n'est pas la moins intéressante car Cauchy est en France le premier grand savant professeur ; ni Pascal, ni Descartes bien sûr ; ni Lavoisier, ni d'Alembert, ni Lagrange, ni Laplace, ne le furent !

Richesse ensuite car des thèmes mathématiques précis de l'œuvre de Cauchy viennent renforcer le propos. Et c'est bien là une gageure à la mesure de la demande de notre temps : présenter à un large public à la fois une vie et des exemples de ce qui en fait la valeur mémorable pour la science. Certes il ne pouvait être question de tout présenter. Cauchy fut le plus prolifique des mathématiciens français et à ce point de vue il ne le cède qu'à Euler. Il fallait choisir. On ne pouvait parler sans entrer dans trop de détails techniques de la formule de réciprocité de la fonction thêta, déduite de la formule sommatoire liée à la transformée de Fourier, ni des démonstrations générales d'existence et d'unicité des solutions d'équations différentielles ou aux dérivées partielles. Il ne pouvait même être question à ce propos d'indiquer avec la minutie nécessaire l'aspect constructif de rigueur que Cauchy professeur donna à l'analyse mathématique, son art de transformer des méthodes numériques pratiques, apparemment liées à un problème particulier, en outils de démonstration générale. Sans prétendre donc expliciter ici toute la construction architecturale de l'analyse due à Cauchy, qui s'impose d'abord avec la formule du binôme démontrée à l'aide des limites et de la seule continuité, s'élargit avec le théorème fondamental du calcul liant réciproquement la dérivation et l'intégration, toutes deux introduites indépendamment comme des limites, et culmine enfin avec le développement de Taylor-Lagrange, Belhoste nous donne avec simplicité à comprendre deux étapes cruciales, la continuité et l'intégrale. Il fait de même pour les bases de la théories de l'élasticité, pour les groupes de substitution et pour deux réussites de jeunesse de Cauchy, l'indéformabilité des polyèdres convexes et les nombres polygonaux. Et il ne pouvait être question non plus de situer Cauchy face à d'autres contemporains géants mathématiciens, comme Gauss, Abel, ou Galois. Le lecteur, tenté, cherchera peut-être à en savoir plus, et ira lire les textes originaux de Cauchy et de ces auteurs. Comment en effet ne pas être touché par cet aveu de Cauchy, à la nuance sulpicienne près, celui de tout le XIXe siècle.

« *La vérité est un trésor inestimable, dont l'acquisition n'est suivie d'aucun remords et ne trouble point la paix de l'homme. La contemplation de ses célestes attraits, de sa beauté divine, suffit à nous dédommager des sacrifices que nous faisons pour la découvrir et le bonheur du ciel n'est que la possession entière de l'immortelle vérité.* »

Jean DHOMBRES

CHAPITRE I

Vocation

A l'origine d'une vocation mathématique, il y a toujours le ravissement d'un enfant qui joue avec des lignes et des nombres comme d'autres avec un ballon. Mais tous les enfants doués pour le calcul ne deviennent pas mathématiciens. Il faut encore beaucoup de travail, une solide formation et surtout un environnement favorable.

Or, en France, au début du XIXe siècle, à l'époque où le jeune Cauchy cherchait sa voie, il existait des conditions propices au développement des sciences, et en particulier, à celui des sciences mathématiques. Le prestige grandissant des savants et des ingénieurs, la création de l'École Polytechnique et l'existence de plusieurs institutions scientifiques rendaient plus attractive l'entrée dans la carrière des sciences.

La famille

Lorsque naquit à Paris, paroisse Saint-Roch, le 21 août 1789, de Louis-François Cauchy et de Marie-Madeleine Desestre, son épouse, Augustin-Louis, leur premier fils, la ville était encore toute frémissante des événements de juillet. Par une coïncidence malheureuse, l'enfant venait au monde au moment où la carrière de Louis-François se trouvait brisée par l'insurrection parisienne et sa vie en danger. Le peuple de Paris s'était soulevé le 12 juillet à l'annonce du renvoi de Necker, excité par la crainte de la disette et encouragé par une bourgeoisie inquiète pour ses rentes. Plus qu'une émeute, c'était bientôt la révolution.

Une municipalité révolutionnaire désignée par les électeurs se constitua dans la nuit sous la présidence de l'astronome Bailly. Le 14 juillet, les insurgés, qui recherchaient des armes et de la poudre, s'emparèrent de la Bastille, symbole exécré de l'absolutisme, et massacrèrent le prévôt des marchands Flesselles. Foulon et l'intendant de Paris Bertier de Sauvigny subirent le même sort quelques jours plus tard. Les autorités parisiennes légales, ébranlées, s'écroulèrent comme un château de cartes. Tandis que Louis XVI rappelait Necker en catastrophe, le lieutenant de police Louis Thiroux de Crosne, privé de tout pouvoir dès les premières heures de l'insurrection, se retirait discrètement et, huit jours plus tard, gagnait l'Angleterre. Son premier commis, Louis-François Cauchy, entraîné dans la déconfiture, perdait d'un seul coup son protecteur et son emploi. La colère du peuple, violente et imprévisible, resta pour lui tout l'été une lourde menace : sa responsabilité n'était-elle pas engagée dans toutes les affaires de police et d'approvisionnement qui avaient agité la ville les mois précédents ?

A la naissance de son fils aîné, Louis-François Cauchy avait vingt-neuf ans. Lui-même était né à Rouen le 27 mai 1760 de Louis-Charles Cauchy, maître serrurier, c'est-à-dire négociant en fers ouvrés, et d'Anne Lemaître. Envoyé à Paris au collège de Lisieux, il y fit d'excellentes études et obtint en 1777 le prix d'honneur du concours général décerné par l'Université de Paris. Il revint ensuite en sa ville natale, où il s'installa comme avocat près du parlement de Normandie. Mais bientôt, en 1783, l'intendant de Rouen, Louis Thiroux de Crosne, le remarqua et le prit pour secrétaire. Thiroux était un bon administrateur, intendant à Rouen depuis 1767, et un homme de haute culture, correspondant de Lavoisier et titulaire de l'Académie de Rouen depuis 1771. Nommé en août 1785 lieutenant général de police de la ville de Paris, il emmena avec lui son précieux secrétaire, qui devint son premier commis et s'installa à l'hôtel de police, rue Saint-Honoré, près des Jacobins.

La tâche était lourde et les responsabilités importantes. L'administration des dernières années de l'Ancien Régime avait de grands projets pour Paris. Cette ville de plus de 600 000 habitants, la seconde d'Europe après Londres, restait encore pour l'essentiel une cité médiévale. Surpeuplée, dangereuse et malsaine, avec ses rues étroites, ses égouts à ciel ouvert et ses cimetières au cœur de la ville, elle choquait les esprits éclairés, épris d'ordre et de raison. Les urbanistes et les ingénieurs préparaient l'avènement d'une cité nouvelle, plus salubre, plus lumineuse et plus policée. Les autorités s'activaient : les ponts se déchargeaient de leurs masures, le mur d'octroi finissait d'enserrer les faubourgs, de nouveaux quartiers et de nouvelles perspectives s'ébauchaient à l'ouest ; à l'est la Bastille était en sursis. Le premier commis du lieutenant de police participa à cette entreprise, interrompue par la Révolution. Il surveilla en 1786, avec les médecins Thouret et Fourcroy, le transfert dans d'anciennes carrières qu'il avait fait aménager en catacombes, des ossements du cimetière des Innocents, désaffecté pour raison d'hygiène.

Louis-François, encore célibataire, vivait avec sa mère, rue Saint-Honoré. Sa sœur Marie-Madeleine s'était installée à Versailles où son mari, Laurent Larsonnier, était employé aux barrières. En octobre 1787, il épousa une jeune parisienne de vingt ans, Marie-Madeleine Desestre. Il s'alliait ainsi à une famille d'officiers parisiens : Louis-Jacques Desestre, son beau-père, était doyen des huissiers du Conseil d'État du Roi ; un oncle, Jean-Baptiste Desestre, occupait l'emploi de contrôleur des rentes de l'hôtel de ville ; la famille de sa belle-mère, Madeleine Paupelin, comptait des avocats, des marchands et même des officiers en voie d'anoblissement.

Louis-François détenait à vingt-sept ans une position administrative importante et semblait promis à un brillant avenir. Mais sa fortune personnelle était réduite à peu de choses : une toute petite terre de famille à Frettecuisse en Picardie, une rente de 150 livres, 5 000 livres en billets et deniers comptants, 8 000 livres en autres effets mobiliers et 800 livres de rente viagère. Marie-Madeleine représentait pour lui un beau parti : elle apportait avec elle 40 000 livres de dot, dont 15 000 en espèces et le reste sous forme d'une rente annuelle et perpétuelle de 1 250 livres, sans compter une rente viagère de 540 livres. Le jeune couple acheta avec cet argent une terre de quelques hectares avec maison de campagne, à Arcueil, rue des Carnaux.

La Révolution vint interrompre cette belle ascension. Louis-François était compromis, il dut se faire oublier. Il obtint l'emploi de chef des bureaux des hospices et ateliers de bienfaisance, qu'il conserva jusqu'à la Terreur. Après l'exécution de Thiroux, revenu d'émigration, le 28 avril 1794, il craignit pour lui et sa famille et préféra quitter la capitale, où il était à la merci d'une dénonciation à la section, pour sa maison de campagne d'Arcueil. Il y passa la Grande Terreur avec sa femme et ses deux enfants, Augustin-Louis et Alexandre-Laurent, né le 12 mars 1792.

La vie n'y était pas facile, le ravitaillement aléatoire, comme l'atteste ce passage d'une lettre de Louis-François à sa mère :

« Avec quelque peu de biscuit et de riz qu'on nous distribue, nous suppléons au pain dont nous n'avons qu'une demi-livre et point du tout quelquefois. Force haricots et pommes de terre font notre bonne chère. Du reste, nous nous portons bien, ce qui est l'essentiel et qui prouve que peu de chose suffit aux besoins de l'homme (...). Je vous dirai que pour faire la bouillie de mes enfants, il me reste encore un peu de très belle farine de blé de Turquie récolté dans mon jardin, et dont j'avais fait moudre trois boisseaux, plus quelques livres de fécule de pommes de terre, blanche comme la neige et très bonne, surtout pour la première enfance. C'est encore un produit de ma récolte. »

Augustin-Louis supporta mal cette retraite forcée. Il souffrit des privations et contracta la « petite vérole ». Mais, surtout, les menaces d'arrestation qui pesaient sur son père marquèrent l'esprit du jeune enfant. Éprouva-t-il un sentiment secret de culpabilité d'être né au milieu du malheur domestique ? S'en rendit-il responsable ? Sa peur et sa haine de la Révolution restèrent en tout cas si vives et si tenaces qu'il ne supporta pas, en 1830, de la voir recommencer. Craintif et peu sociable, Augustin-Louis n'aimait pas jouer avec les autres enfants. Son goût du travail, inhabituel à cet âge, faisait contraste avec l'insouciance de son frère cadet, Alexandre-Laurent. Il trouvait déjà, dans la méditation et l'étude solitaires, un refuge pour échapper aux angoisses d'une époque incertaine.

La chute de Robespierre, le 27 juillet 1794, fut accueillie avec soulagement : Louis-François pouvait rentrer sans crainte à Paris. Dès l'automne de la même année, il devenait sous-chef de la division des arts et manufactures de la commission d'agriculture et des arts et, en avril 1795, alors que la répression s'abattait sur les derniers montagnards, chef de la même division en remplacement de Pierron. Il conserva, après le rétablissement du ministère de l'Intérieur, en octobre 1795, le poste de chef du bureau des arts et manufactures de la 4e division du ministère, nouveau nom de la division des arts et manufactures du temps de la Convention. Ce discret emploi dans les bureaux, pour 5 à 6000 F de traitement suivant les années, n'était ni une sinécure, ni une position subalterne ; la compétence du bureau s'étendait sur la géographie industrielle et manufacturière, tous les arts utiles et les brevets d'invention, ainsi que sur l'administration et la surveillance du Conservatoire des arts et métiers et des manufactures nationales de Sèvres, de la Savonnerie, de Beauvais et d'Aubusson.

La première éducation

Profitant de ses loisirs forcés à Arcueil, Louis-François avait entrepris de faire l'éducation de ses enfants. Cette éducation paternelle se poursuivit à Paris pendant plusieurs années. Louis-François en prit grand soin car il savait, par expérience, le prix d'une bonne éducation ; n'avait-il pas été dans sa jeunesse un écolier modèle et ne devait-il pas à son savoir d'avoir rejoint, à la veille de la Révolution, le monde étroit de la haute administration d'Ancien Régime ? Socialement, il appartenait à cette « bourgeoisie des talents » assise sur un capital de compétences, qui investissait peu à peu l'État avant même la Révolution ; sans doute envisageait-il déjà pour ses fils une carrière semblable à la sienne.

Louis-François composa lui-même pour ses enfants de petits traités didactiques, écrits ordinairement en vers français, sur des sujets de grammaire, d'histoire ou de morale. Plus tard, il les initia aux langues anciennes qu'il pratiquait en amateur éclairé ; il leur faisait étudier les auteurs de l'Antiquité mais ne négligeait pas non plus l'éducation religieuse ; dès son plus jeune âge, Augustin-Louis se familiarisa ainsi avec les textes bibliques. Pieux chrétien, Louis-François était aussi un passionné des « humanités », au sens où on l'entendait à cette époque : il se piquait de poésie, écrivant en vers français et en vers latins ; il acquit même une certaine notoriété comme poète en publiant sous le Consulat, l'Empire et la Restauration, quelques médiocres pièces à la gloire du maître du moment. Ses trois fils, en particulier Augustin-Louis, héritèrent de lui cette manie d'écrire en vers français ou latins des « poèmes » sur les sujets les plus divers et de les publier de temps à autre. Louis-

François ne négligeait cependant pas l'enseignement des Sciences. Une lettre de 1799 témoigne qu'il se plaisait à chercher dans l'étude de la Nature quelque diversion à la pratique administrative : « Les Sciences sont les sœurs des arts et ne peuvent être étrangères à quiconque s'occupe de ces derniers. » Et il ajoutait : « J'ai toujours aimé avec passion l'histoire naturelle », passion qu'il communiqua à son fils aîné.

Le coup d'État du 18 Brumaire fut une bénédiction pour Louis-François ; il adhéra avec enthousiasme au nouveau régime dont il chanta pendant dix ans les mérites dans plusieurs opuscules. Le 1er janvier 1800, il fut élu par le Sénat, nouvellement créé, secrétaire chargé de la rédaction des procès-verbaux, archiviste et garde du sceau de la Haute Assemblée, probablement grâce à Fontanes. Il s'agissait pour Louis-François d'une promotion extraordinaire. Il doublait son traitement qui passait à 12 000 F et obtenait un logement de fonction au Palais du Luxembourg. Sa nouvelle position lui donnait prestige et influence, car il côtoyait quotidiennement les sénateurs, dont la plupart étaient des personnages considérables. Le Premier Consul, qui se posait en protecteur des sciences, avait nommé au Sénat plusieurs savants membres de l'Institut, dont trois mathématiciens : Lagrange, considéré comme le plus grand « géomètre » depuis la mort d'Euler ; Monge, l'inventeur de la géométrie descriptive, montagnard sous la Révolution et ami personnel de Bonaparte qu'il avait accompagné en Italie et en Égypte ; et surtout Laplace, le prestigieux auteur de la *Mécanique céleste* qui, outre un bref mais malheureux passage aux affaires comme ministre de l'Intérieur en 1800, occupa à partir de 1803 la charge de chancelier du Sénat. Laplace disposait d'une suite au Palais du Luxembourg où il emménagea en 1807. Il était en contacts fréquents avec Louis-François, placé sous ses ordres.

Le Palais du Luxembourg. En 1800, le père de Cauchy était nommé secrétaire du Sénat ; il s'installa avec sa famille dans le Palais du Luxembourg ; il y demeurera jusqu'en 1848, traversant sans encombres tous les changements de régimes. A son retour de Cherbourg, Cauchy revint habiter dans l'appartement du Luxembourg. C'est là qu'il rédigea ses grands mémoires de 1814 et 1815. *(B.N.)*

Augustin-Louis continua — deux ans encore — à travailler sous la direction de son père qui l'installait dans un coin de son cabinet. Il s'intéressait déjà aux mathématiques; lorsqu'une idée traversait son esprit, il interrompait le devoir littéraire qu'il était en train de composer sur son cahier d'étude, pour la traduire par des chiffres et par des figures. Son père le présenta aux sénateurs qui entraient dans son bureau. Il eut ainsi l'occasion d'y rencontrer Laplace et Lagrange. Ce dernier témoigna de la sollicitude pour ce garçon studieux qui semblait si attiré par les mathématiques. Un jour de 1801, il déclara à plusieurs membres du Sénat, dont Lacépède, rassemblés dans le cabinet de Louis-François :

« *Vous voyez ce petit jeune homme, eh bien ! il nous remplacera tous tant que nous sommes, pauvres géomètres.* » Mais il ajoutait, à l'attention du père : « *Ne lui laissez pas ouvrir un livre de mathématiques, ni écrire un chiffre avant qu'il ait achevé ses études littéraires.* »

Augustin-Louis fréquenta l'école centrale du Panthéon à partir de l'automne 1802. Cette école était installée non loin du Palais du Luxembourg, sur la montagne Sainte-Geneviève, dans les bâtiments de l'abbaye des Génovéfains. C'était l'une des trois écoles centrales de Paris créées depuis 1795, peut-être la meilleure. Un peu plus de trois cents élèves y étaient inscrits. Augustin-Louis la fréquenta pendant la période transitoire, entre la création des lycées en mai 1802 et la mise en place effective du lycée Napoléon, futur lycée Henri IV, en septembre 1804. Entré dans la première section, ouverte aux enfants de plus de douze ans, il suivit pendant deux années des leçons de langues anciennes, de dessin et d'histoire naturelle. Ce dernier enseignement était assuré par Cuvier. Les élèves n'étaient pas encore regroupés en classes et pouvaient choisir les cours qui les intéressaient, passant librement de l'un à l'autre ; la discipline y était très libérale, contrairement à celle, quasi militaire, qui allait régner dans les lycées impériaux.

Augustin-Louis travailla surtout les langues anciennes pendant les deux années qu'il passa à l'école du Panthéon. Il se montra très vite un excellent élève. Dès l'année 1803, il obtint le premier accessit de composition latine aux concours créés l'année précédente par le Premier Consul ; en 1804, il remporta non seulement le second prix des vétérans en discours latin et les premiers prix de vers latins et de version grecque, mais encore le grand prix d'humanité qui couronnait celui qui avait remporté le plus de prix. Il travailla d'arrache-pied à ces concours, si bien qu'il dût, en 1804, reporter à l'Assomption sa première communion, qu'il devait faire à Pâques.

Déjà le tenaillait, encouragée par Louis-François, l'ambition d'être toujours le meilleur, au point qu'il devait s'engager, dans des *Résolutions* écrites pour sa première communion, à plus de modestie :

« Je ne me vanterai jamais du peu de science que j'ai acquis par les soins de mon père, me représentant d'abord que si je sais quelque chose, c'est uniquement à cause des soins que mon père a pris de moi et que, s'il ne se fût donné la peine de m'instruire, je serais aussi ignorant que beaucoup d'autres enfants ; ensuite que les sciences humaines ne sont rien au prix de celle du salut et qu'il ne servirait de rien de les connaître toutes si je n'avais cette dernière. »

C'est qu'il pouvait déjà savourer les fruits de sa gloire naissante : remise solennelle des prix à l'Institut, dîner chez le ministre, de quoi tourner la tête à un jeune adolescent qui, au dire de sa mère, « avait alors beaucoup de défauts dans le caractère ».

La formation d'ingénieur

Augustin-Louis choisit, malgré ses succès dans les humanités, de préparer l'année suivante le concours d'entrée à l'École Polytechnique. Sa décision répondait évidemment à une vocation que laissait deviner son goût précoce pour les mathématiques.

L'École Polytechnique demeure la création la plus importante de la Révolution en matière d'enseignement. L'enseignement supérieur scientifique se trouvait sous l'Ancien Régime dans une situation déplorable. Les universités, en pleine décadence, accordaient une place très réduite aux sciences exactes. Seules les écoles d'ingénieurs comprenaient dans leurs programmes d'enseignement un cours de mathématiques de bon niveau. La meilleure, de ce point de vue, était sans conteste l'École du Génie de Mézières, où Monge enseigna de 1769 à 1784 et d'où sortirent quelques remarquables savants comme Coulomb et Meusnier. L'influence de Monge et d'anciens élèves de cette école, parmi lesquels Carnot et surtout Prieur-Duvernois, tous deux membres du Comité de salut public, et les besoins croissants d'ingénieurs militaires pour la guerre révolutionnaire expliquent la création en mars 1794 d'une « École centrale des Travaux Publics ». Il s'agissait d'établir une école qui donnerait en deux ans une formation scientifique de haut niveau aux élèves recrutés par concours ; à leur sortie, ceux-ci entreraient dans des écoles d'application civiles comme l'École des Ponts et Chaussées et l'École des Mines, ou militaires comme l'École d'Artillerie.

Les cours ne commencèrent qu'en 1795. Les professeurs comptaient parmi les meilleurs savants de l'époque : Monge enseignait la géométrie descriptive, Lagrange l'analyse, Berthollet, la chimie, Prony la mécanique, etc... En septembre l'école prit son nom définitif d'École Polytechnique. Elle connut très vite un vif succès grâce à la qualité de son enseignement et au monopole dont elle bénéficiait pour le recrutement des grands corps d'ingénieurs. Le nombre des candidats augmenta régulièrement d'année en année et les anciens élèves peuplèrent peu à peu les administrations civiles et militaires. Dès le Consulat et l'Empire, plusieurs Polytechniciens s'illustrèrent aussi dans les sciences, comme Poisson, Biot ou Arago et commencèrent très jeunes de brillantes carrières de savant.

En choisissant le métier d'ingénieur, Augustin-Louis se distinguait dans la famille. Son père avait fait son droit et restait un esprit littéraire. Les deux frères cadets d'Augustin-Louis imitèrent leur père et firent de belles carrières juridiques, le premier, Alexandre, comme magistrat et le second, Eugène, né le 16 octobre 1802, comme juriste. Néanmoins, il restait fidèle aux ambitions de son père en préparant son entrée dans un grand corps de l'État. Louis-François, loin de s'opposer à son fils aîné, l'encouragea dans la voie qu'il avait choisie, usant plus tard de son influence pour faire avancer sa carrière et lui apportant, nous le verrons, un soutien matériel et moral à l'époque de ses premiers travaux scientifiques.

Pour préparer l'École, Augustin-Louis fréquenta, à partir de l'automne 1804, le cours de mathématiques donné par Dinet, professeur au lycée Napoléon et examinateur d'entrée à l'École Polytechnique. Les connaissances exigées des candidats

Élève de l'École Polytechnique. Lorsque Cauchy entra en 1805 à Polytechnique, l'École venait d'être militarisée : les élèves étaient dorénavant encasernés et devaient se procurer, à leurs frais, un uniforme. La majorité des élèves se destinaient alors à la carrière militaire, et seuls les meilleurs étaient admis à l'École des Ponts-et-Chaussées. *(J.-L. Charmet)*

en mathématiques, étaient, à vrai dire, élémentaires. Augustin-Louis progressa très rapidement, à la grande satisfaction de son professeur qui devint à cette occasion l'ami de la famille Cauchy. Dès 1805, à seize ans, il put se présenter au concours d'entrée. Examiné le 29 octobre par Biot, il fut admis second sur 293 candidats et 125 admis.

Une importante réforme de l'École Polytechnique, décidée par Bonaparte l'année précédente, entra en application à la rentrée 1805. Les élèves étaient dorénavant formés en corps militaire et encasernés. Ils devaient payer une pension de 800 F, se pourvoir d'un trousseau et se fournir à leurs frais en livres et en matériels. En même temps, l'École était transférée dans le collège de Navarre, derrière le Panthéon. Augustin-Louis dut quitter le logis familial et endosser l'habit militaire. Il se trouva placé, ce n'était pas un hasard, sous le commandement du fils de Laplace, Charles-Émile, élève de la promotion précédente. Sans doute eut-il quelque mal à s'adapter à la vie de l'École, à sa discipline militaire et à la promiscuité des chambrées. Quel contraste avec le confort douillet de l'appartement du Luxembourg ! Et puis, il fallait vivre au milieu de jeunes gens presque toujours plus âgés, mécréants, libéraux et tapageurs, tout l'opposé du jeune garçon renfermé et dévot qu'il était.

La plus grande partie des études était consacrée aux sciences mathématiques, avant tout à l'analyse, mais aussi à la géométrie et à la mécanique. Augustin-Louis suivit le cours de Lacroix en analyse, celui de Hachette en géométrie descriptive et celui de Prony en mécanique. Lacroix, un protégé de Lagrange qu'il avait remplacé à ce poste, n'était pas un grand mathématicien mais il s'avéra un excellent pédagogue. Hachette suppléait Monge dont il était le plus proche disciple. Prony, enfin, cumulait son poste de professeur à l'École Polytechnique et celui de directeur de l'École des Ponts et Chaussées. Chaque professeur était aidé par un répétiteur qui organisait des travaux dirigés. Celui de Lacroix, nommé l'année précédente grâce à Delambre, était Ampère, le futur créateur de l'électrodynamique.

Augustin-Louis était entré avec brio à l'École Polytechnique. Le règlement prévoyait qu'en début d'année, chaque élève devait présenter la liste des services qu'il choisirait au terme de ses études, classés dans l'ordre de ses préférences. L'admission dans l'école d'application correspondant à chaque service dépendait du nombre de places disponibles et du classement obtenu par l'élève. Augustin-Louis, fort de son rang d'admission, plaça en tête les Ponts et Chaussées, considérés comme le service le plus difficile. Mais les résultats ne confirmèrent pas son très bon classement au concours d'entrée. Il passa en deuxième année 13ᵉ seulement sur les 25 qui avaient choisi le même service. La seconde année fut heureusement bien meilleure ; le jeune élève s'affirmait et, en octobre 1807, il était admis à l'École des Ponts et Chaussées 1er sur 17 et 3e sur la liste générale de la promotion. C'est surtout son goût et sa facilité à résoudre les problèmes de géométrie qui le firent remarquer des professeurs. Hachette publia dans le numéro de juillet 1806 de la *Correspondance sur l'École Polytechnique* sa démonstration d'un théorème de géométrie analytique donné par Monge et un résumé d'un mémoire sur la construction d'un cercle tangent à trois cercles donnés.

A sa sortie de l'École Polytechnique en octobre 1807, Cauchy avait à peine dix-huit ans. Physiquement, il était encore « un enfant », au témoignage de l'Administration, de taille moyenne, aux cheveux clairs et aux yeux gris. Sa santé fragile justifia à plusieurs reprises des permissions exceptionnelles. Cauchy fut victime de malaises, occasionnés sans doute par un excès de travail mais dont l'origine véritable était une constitution nerveuse délicate. Il commença à suivre à la fin de l'année les cours donnés à l'École des Ponts et Chaussées.

Cette école, réorganisée en 1804 par le décret du 7 Fructidor an XII, venait de s'installer dans les dépendances du Palais Bourbon ; mais les élèves, au nombre de 60, soumis à une discipline quasi militaire et au port d'un costume obligatoire, étaient encasernés dans les bâtiments de l'École Polytechnique. Ils étaient répartis en trois classes suivant leur instruction et non suivant un cycle d'étude et rangés à l'intérieur de chaque classe, selon un système de degrés. Pour passer dans la classe supérieure, ils devaient obtenir un rang suffisant aux concours jugés chaque année avec solennité en présence du directeur des Ponts et Chaussées, Montalivet jusqu'en octobre 1809, puis Molé. Les meilleurs pouvaient espérer être nommés aspirants-ingénieurs après deux années d'étude.

Il y avait alors trois chaires magistrales à l'École : une chaire de mécanique appliquée, occupée par Prony, directeur de l'école ; une chaire de stéréotomie appliquée et de pratique des constructions, occupée par l'ingénieur Louis Bruyère ; et une chaire d'architecture civile, occupée par l'architecte Charles-François Mandar. On donnait aussi aux élèves des leçons d'anglais et d'allemand et depuis 1806 des leçons facultatives d'italien ; Cauchy en apprit suffisamment pour être capable de lire des mémoires scientifiques dans ces trois langues. Les cours suivis par les élèves duraient quatre mois chaque année, de décembre à mars, mais une grande partie de l'instruction se faisait sur le terrain au cours des campagnes où l'on envoyait, parfois très loin, les élèves de 2e et de 3e classe pendant la belle saison.

Cauchy fut au cours de ses deux années d'étude à l'École des Ponts et Chaussées un très brillant élève. Aux concours de 1808, il obtint quatre premiers prix, l'emportant non seulement sur ceux de sa promotion, mais aussi sur ceux des promotions antérieures. Il rédigea pendant sa première année d'étude un mémoire élémentaire dont l'objet indiqué dans le titre : *Mémoire sur les roues des voitures et les perfectionnements dont elles sont susceptibles; sur les roues à voussoirs connues sous le nom de roues à la Duboville; les vélocifères, etc.*, était encore très éloigné des préoccupations futures du savant !

Au printemps 1808, il fut envoyé en campagne, aux travaux du canal de l'Ourcq et des eaux de Paris. L'administration lui accordait une faveur assez exceptionnelle à cette époque en ne l'éloignant pas de la capitale. Il s'agissait d'un très vaste chantier, dirigé par l'ingénieur P.-S. Girard, ancien de l'expédition d'Égypte et auteur de plusieurs mémoires et ouvrages scientifiques, dont un important traité sur la résistance des matériaux. Le Premier Consul l'avait nommé à son retour d'Égypte, en août 1802, ingénieur directeur des travaux du canal de l'Ourcq. Girard avait conçu le projet de faire de ce canal à la fois un aqueduc et un canal de navigation. Beaucoup jugeaient ces deux destinations parfaitement contradictoires, mais, grâce à la confiance de l'Empereur, Girard obtint d'être nommé en octobre 1807 directeur du canal de l'Ourcq et des eaux de Paris avec tout pouvoir pour réaliser son projet. Napoléon attachait beaucoup d'importance à ces travaux qui devaient moderniser et embellir Paris, promu au rang de capitale de l'Europe. Il intervint à plusieurs reprises pour en accélérer l'exécution.

En 1808, les travaux commencèrent à l'intérieur de Paris. Cauchy y fut associé. Girard le plaça pendant quatre mois sous la direction de l'ingénieur Égault, ancien élève de l'École Polytechnique et auteur du nivellement général de Paris, pour effectuer divers travaux graphiques. Cauchy participa ensuite, en décembre 1808, à la construction de l'aqueduc de Saint-Denis. Il fit à cette occasion le relevé de l'ancienne chaussée romaine retrouvée deux mètres sous le pavé de la rue Saint-

Denis. Girard rédigea sur le jeune Cauchy à la fin de la campagne un rapport élogieux, notant en particulier « les quelques observations faites sur les procédés que l'on suit ordinairement pour le toisé des matériaux mis en œuvre ».

Cauchy confirma ces succès pendant la seconde année d'étude à l'École. Il obtint, au concours de 1809, les premiers prix en *Route et ponts* et *Pont en bois.* Mais ses trois mémoires composés pour les concours de *Navigation* et de *Pont en pierre* furent égarés et ne purent concourir. Retrouvés plus tard dans les papiers de Prony, ils sont maintenant conservés à l'École des Ponts et Chaussées. Le mémoire du concours de *Navigation,* intitulé *Mémoire sur les moyens de perfectionner la navigation des rivières en général et celle de la Marne en particulier,* formait une longue étude théorique et pratique, remarquable surtout par la qualité de l'exposition. Le premier des deux mémoires sur la théorie des ponts en pierre se limitait à un résumé élémentaire sur les méthodes de construction, le second, plus conséquent, étudiait de manière approfondie la théorie des voûtes en berceau : dans la première partie l'auteur présentait les théories développées par Delahire, Couplet, Coulomb et Bossut ; il comparait dans la deuxième partie les principes et les résultats de ces théories avec l'expérience et, dans une troisième partie, analytique, il posait l'équation d'équilibre d'une voûte de forme quelconque qu'il appliquait à plusieurs cas particuliers. Cauchy envisagea, en 1811, à Cherbourg, de reprendre ses travaux sur la théorie des ponts et il demanda pour cela à son père de faire rechercher son mémoire dans les archives de l'École des Ponts et Chaussées. Mais ces recherches restèrent vaines et Cauchy renonça alors définitivement à ce projet pour se consacrer à des travaux de mathématiques pures.

Le séjour à Cherbourg

Après les deux années passées à l'École des Ponts et Chaussées, Cauchy fut nommé, le 18 janvier 1810, aspirant-ingénieur par le comte Molé, directeur général des Ponts et Chaussées ; choisis parmi les élèves ingénieurs dont la formation était terminée, les quinze aspirants remplissaient les fonctions d'ingénieur ordinaire, sans en avoir encore le titre ni le traitement ; quelques semaines plus tard, en février 1810,

Cauchy était affecté à Cherbourg, où, mis à la disposition du ministre de la Marine, il devait seconder les ingénieurs chargés de surveiller l'exécution des travaux du Port Napoléon ; le temps de faire ses bagages, de placer au fond de sa malle la *Mécanique céleste* de Laplace et la *Théorie des fonctions analytiques* de Lagrange, et le voilà parti pour son premier poste dans le courant du mois de mars, par la diligence de Cherbourg, son *Virgile* et son *Imitation* sous le bras.

La lecture de ces deux ouvrages et les méditations profondes auxquelles il s'abandonnait avec tant de facilité, la découverte émerveillée des paysages et les réflexions positives que suscitait, dans son esprit curieux, la diversité des cultures et des constructions, les conversations, peut-être, avec les compagnons de route, tout cela ne pouvait, au cours d'un si long voyage, effacer tout à fait dans un cœur sensible l'émotion du départ. Pour longtemps peut-être il fallait quitter père et mère, et pour la première fois Paris pour la province. Serait-il seulement digne de la confiance que le comte Molé lui accordait en le nommant à un pareil poste ? Cherbourg n'était-il pas le plus formidable chantier de l'Empire, dirigé par plusieurs des plus remarquables ingénieurs des Ponts et Chaussées ? Depuis près de trente ans, on s'acharnait ici à construire un établissement de marine de première grandeur face à l'Angleterre. L'énorme digue qui fermait la rade du côté de la mer, commencée dès 1786 en présence de Louis XVI, était terminée depuis 1806. Il restait à construire le port de carénage et de radoub distinct du port de commerce.

Les travaux avaient commencé en avril 1803 sous la direction de l'inspecteur général des Ponts et Chaussées Cachin qui en avait dressé les plans. Le projet comprenait un avant-port et un port, baptisé Port Napoléon, « capable de contenir douze vaisseaux de guerre avec un nombre proportionné de frégates et trois formes de construction » ainsi que « des fortifications nécessaires pour mettre le port à l'abri de l'ennemi ». En septembre 1804, le premier consul décidait personnellement d'y ajouter la construction d'un grandiose arsenal « capable de contenir trente vaisseaux de ligne constamment en état de prendre la mer ». Ce dernier ouvrage ne fut réalisé en fin de compte qu'après 1830. Deux à trois mille manœuvres travaillèrent de front, surtout des prisonniers de guerre et dans des conditions si difficiles que, sur 20 000 prisonniers passés à Cherbourg en quinze ans de travaux, 2000 environ, selon Cachin, seraient morts à la tâche. Il fallait en effet creuser dans le roc l'avant-port et le bassin de radoub à une profondeur suffisante pour que les vaisseaux pussent être maintenus à flot même aux plus basses marées. Deux machines à vapeur servaient en permanence à l'épuisement des eaux d'infiltration.

Les travaux de l'avant-port étaient déjà bien avancés quand Cauchy arriva à Cherbourg. Le jeune aspirant-ingénieur fut aussitôt associé à la direction du chantier et il ne semble pas qu'il eût lieu de se plaindre des travaux qu'on lui confiait. « Les travaux du port Napoléon deviennent de plus en plus importants et mes occupations sont très instructives », écrivait-il le 8 juin 1810 à son père. Celui-ci intervint auprès du comte Molé pour qu'il restât au même poste. Le 13 décembre 1810, un décret impérial nomma Cauchy ingénieur ordinaire de 2e classe des Ponts et Chaussées, attaché aux travaux du port de Cherbourg. Cauchy travailla à peu près à toutes les parties du chantier au cours de son séjour : creusement des bassins du port militaire dans le rocher schisteux extrait par explosion, construction de deux môles fermant l'entrée du port et de la digue d'enceinte réunissant celui du nord au Fort du Homet, épuisement des eaux s'infiltrant dans le port à travers le batardeau barrant provisoirement son entrée, établissement d'une ligne de sémaphores sur le rivage et d'une batterie sur la digue fermant la rade, sans oublier les bâtiments divers, baraquements pour les prisonniers, casernes, forges, bâtiments de couverture des formes en granit pour le futur arsenal.

Voici comment, dans une lettre du 3 juillet 1811 à sa famille, il racontait ses occupations du moment :

« Je me lève à 4 heures du matin et je suis occupé du matin au soir. Ma besogne ordinaire s'est trouvée augmentée dans ce mois par l'arrivée subite des prisonniers espagnols. On en a été prévenu seulement huit jours à l'avance, et il fallait, pendant ces huit jours, bâtir des logements et préparer des lits de camp pour douze cents hommes. Les logements consistent en deux corps de bâtiment de 360 pieds de long sur 45 de large, contenant chacun dix-neuf salles et en tout trente-huit salles. Douze salles étaient préparées, il fallait en préparer douze autres, dont les murs n'étaient pas encore élevés à leur hauteur. Nous n'avions pas d'ardoises, j'ai été visiter les carrières des environs ; nous n'avions pas de cuisines, j'ai fait faire des fourneaux provisoires. Enfin nos Espagnols sont logés et couverts depuis deux

jours. Ils ont des lits de camp, de la paille, de la nourriture et s'estiment fort heureux. Je n'ai pas eu plus tôt terminé ce travail, qu'il a fallu s'occuper d'un autre. Aujourd'hui j'ai tracé des forges que je vais faire exécuter en granit. Je fais aussi construire deux phares sur les môles d'entrée. Le travail ne me fatigue pas : au contraire il me fortifie et je suis en parfaite santé. »

Cauchy donnait très certainement satisfaction à ses chefs par la qualité de son travail et par son ardeur à la tâche ; ses recherches scientifiques, commencées à Cherbourg, et, comme nous le verrons, ses premiers succès dans ce domaine, devaient augmenter encore l'estime que lui portaient les autres ingénieurs. Peut-être fut-il présenté à l'Empereur avec des commentaires flatteurs, lorsque celui-ci vint plusieurs jours, avec Marie-Louise, visiter les chantiers de Cherbourg en mai 1811 ; quoi qu'il en soit, c'est en des termes particulièrement chaleureux que Cachin s'adressa à son ancien subordonné, après son départ, pour lui annoncer l'inauguration de l'avant-port par l'impératrice Marie-Louise, le 27 août 1813 :

« C'en est donc fait, mon jeune camarade, l'Océan a pris possession de nos travaux... et vous n'y étiez pas ! Votre absence a fait renaître tous mes regrets, et l'espoir seul de votre plus grand bonheur vient les alléger. J'espère que bientôt, plus près de vous, je pourrai vous entretenir de mes vœux pour que vous ne cessiez pas d'être attaché à un corps qui vous considère, à bien juste titre, comme l'un de ses membres les plus distingués, et dans lequel vous trouverez toujours de vrais amis. Je m'estimerais heureux d'être de ce nombre et de vous offrir dans toutes les circonstances des témoignages de l'inaltérable dévouement que je vous ai voué. »

Mais à Cherbourg, Cauchy n'avait pas seulement à diriger les hommes, à prendre des décisions et à endurer les fatigues du chantier, de longues journées dehors, par tous les temps ; il fallait encore apprendre à se mouvoir dans le monde, à lier les

L'inauguration du Port Napoléon. Cauchy était parti depuis près d'un an quand Marie-Louise inaugura, le 27 août 1813, le port militaire de Cherbourg à la construction duquel il avait participé pendant deux ans et demi. C'est au cours de son séjour à Cherbourg que Cauchy entreprit ses premières recherches mathématiques, d'abord sur les polygones et les polyèdres et ensuite sur les substitutions et les déterminants. *(B.N.)*

relations qu'imposait sa nouvelle position dans la société, et bien sûr, nouveau venu, à peine majeur et célibataire de surcroît, il se devait d'asseoir sa bonne réputation. Ce n'était pas si facile pour ce jeune homme un peu frêle, d'une politesse parfaite apprise dans les salons du Palais du Luxembourg, mais trop froide et guindée. Grâce aux recommandations de ses parents, il fut reçu tout d'abord chez Marie-Charles César Fay, comte de Latour-Maubourg. C'était alors le principal personnage de la ville : nommé sénateur par Bonaparte auquel il s'était rallié après son retour d'émigration, il commandait la division militaire de Cherbourg. Augustin-Louis était donc introduit, sans effort, dans le petit monde des notables du port ; cependant, ce privilège lui parut vite une obligation dont il se serait volontiers passé.

Son intérêt allait plutôt vers ceux qui partageaient son goût des études et sa piété. Et surtout, le spectacle de la nature l'attirait bien davantage que le commerce des hommes. Il se livrait, lorsque le travail lui en laissait le temps, à cette méditation active, source, plus tard, de ses découvertes mathématiques les plus abstraites, mais qui était d'abord, loin de toute recherche savante, une certaine manière d'être au monde. Il écrivait à ses parents :

« *J'ai de temps en temps quelques moments de loisir, dont je profite pour aller visiter les environs de Cherbourg. Il y a ici des points de vue très agréables. Un des plus pittoresques est la vallée de Quincampoix. Une petite rivière, sur laquelle sont établies plusieurs usines, serpente dans cette vallée parmi de superbes prairies couvertes de pommiers en fleurs. On n'aperçoit son eau limpide qu'à travers l'épais feuillage d'un grand nombre d'arbustes qui forment un berceau de verdure au-dessus d'elle. Les prairies sont bordées, d'un côté, de bois taillis remplis de fougères et de plantes de toute espèce, et de l'autre, par d'immenses rochers dont les pointes s'élèvent dans les airs ou restent suspendues au-dessus du vallon.* »

Il ne se contentait pas de jouir passivement du spectacle qu'offrait la campagne environnante. Il lui fallait comprendre, expliquer, classer ; aussi herborisait-il, comme son père lui avait appris dans son enfance. Changeant de ton, il poursuivait sa lettre :

« *Parmi les plantes qu'on trouve en abondance dans ce pays, j'ai remarqué la digitale, les orchis blancs à feuilles tigrées, des orchis à fleurs rouges, plusieurs plantes grasses et beaucoup de fougères. Outre la fougère nommée polypode, qui couvre en forme de chaperon tous les murs de la ville, on trouve très communément une fougère en arbre dont les feuilles sont vernissées et décomposées à l'infini ; une autre fougère qui ressemble à la précédente sans former un arbre comme elle ; la fougère appelée* Langue de bœuf *; une autre à peu près semblable, mais découpée ; une autre rampante ; enfin celle dont je vous ai envoyé quelques feuilles par lettre. J'ai aussi trouvé en me promenant quelques insectes rares, tels que la* cardinale *et la* chevrette bleue. *Vous voyez que j'ai ici, presque sans quitter la ville, tous les plaisirs de la campagne. »*

De même, lorsqu'il décrivait la mer déchaînée — peut-être pensait-il alors aux terribles tempêtes qui, par deux fois, le 2 novembre et la nuit du 10 au 11 novembre 1810, avait gravement endommagé la grande digue de Cherbourg — cherchait-il à expliquer par l'analyse comment s'enflait la houle à l'approche du rivage plutôt qu'à rendre son mouvement par quelque artifice de peintre :

« Les tableaux de Vernet peuvent en donner l'idée lorsqu'elle est calme, mais non pas quand elle est agitée. Ils n'apprennent pas comment, après avoir frappé les rochers, la vague se retire et s'éloigne, pour revenir plus furieuse et plus terrible au point d'où elle était partie ; comment, à la rencontre des lames renvoyées par les rochers et de celles qui viennent du large, l'onde s'élève et se brise en promenant une longue traînée d'écume sur le rivage. »

Mais, quel que fût son intérêt pour les choses de la Nature, il passait la plus grande partie de son temps de loisir devant sa table de travail à étudier les mathématiques ; il avait emporté, nous l'avons vu, la *Mécanique céleste* de Laplace et la *Théorie des fonctions analytiques* de Lagrange. D'autres ouvrages, empruntés sur place auprès des quelques personnes qui s'intéressaient aux sciences pures ou envoyés de Paris par son père, complétèrent ses connaissances. Il entreprit d'abord de repasser par une étude suivie toutes les branches des mathématiques en commençant par l'arithmétique et en finissant par l'astronomie. Il essaya, au cours de ce travail, de simplifier les démonstrations et de découvrir des propositions nouvelles.

Puis il se lança, sur les conseils de Lagrange, dans des recherches sur les polyèdres. Il présenta son premier mémoire à l'Institut le 11 février 1811, moins d'un an après son arrivée à Cherbourg. Legendre et Malus qui avaient été chargés d'examiner le mémoire émirent un avis très favorable et encouragèrent l'auteur à poursuivre ses recherches. Un an plus tard, le 20 janvier 1812, Cauchy présenta à l'Académie un second mémoire dans lequel il démontrait une proposition d'Euclide sur les polyèdres dont on avait recherché en vain la démonstration depuis l'Antiquité. Cette découverte fit forte impression à Paris. Deux mois plus tard, Cauchy était élu, sur le rapport de Poisson, correspondant de la Société Philomatique. Cette société, créée en 1788, jouait un rôle important dans la vie scientifique. Elle permettait à de jeunes savants de se rencontrer chaque semaine pour présenter leurs travaux et en discuter. La société éditait un *Bulletin* dans lequel les membres avaient la possibilité de publier rapidement des résumés de leurs recherches.

Cauchy pouvait envisager maintenant une carrière tout entière consacrée aux mathématiques. Legendre, enthousiaste, lui laissait même espérer une entrée prochaine à l'Académie et Louis-François écrivait à son fils, à propos du théorème de Fermat sur les nombres polygonaux :

« Tu as frappé fort à l'Académie par ton dernier mémoire sur les polyèdres. Un des théorèmes de Fermat démontré te l'ouvrirait toute grande. Le moment est favorable, ne le laisse pas échapper. »

Mais, pour pouvoir poursuivre avantageusement ses recherches et briguer avec quelque chance de succès une place, soit d'enseignant ou d'examinateur, soit d'académicien, qui lui laisserait un temps suffisant pour son travail mathématique, il lui fallait rentrer à Paris. Tout se passait là-bas, dans la capitale de l'Empire devenue la capitale scientifique de l'Europe. Certes, son père s'acquittait avec zèle de son rôle d'intermédiaire avec les savants mais ce n'était pas suffisant. Cauchy avait déjà eu des problèmes avec Malus à propos de sa démonstration du théorème d'Euclide, il en eut de nouveau lorsqu'il présenta à Poisson, par l'intermédiaire de son père, un mémoire sur la théorie des directrices dans les sections coniques. Il y démontrait un théorème déjà connu. Aussi dut-il retirer son mémoire qui ne fut ni publié ni présenté à l'Académie.

Grâce aux relations entretenues par son père et à la renommée scientifique qu'il commençait à acquérir, il pouvait espérer obtenir, à brève échéance, un poste d'ingénieur à Paris. Mais il n'eut pas à attendre sa mutation. Accablé de travail, il tomba malade. Il ne supportait sans doute plus les rigueurs du climat et du labeur sur les chantiers ; et surtout, ses nerfs lachèrent. L'excès de son travail intellectuel, les longues veilles devant ses livres et ses manuscrits, sans compter les leçons qu'il donnait aux jeunes candidats aux écoles spéciales, eurent raison de sa résistance physique et morale.

On ignore tout de sa maladie qui s'éternisa, durant, de congé en congé, environ un an. Louis-François expliquait, dans une lettre de janvier 1814 au baron Costaz, directeur des Ponts et Chaussées, que son fils avait la santé « altérée profondément par les travaux auxquels il s'est livré pendant le séjour de trois années qu'il a fait à Cherbourg ». Sa convalescence interminable, entrecoupée d'ailleurs par quelques semaines de travail, s'expliquerait assez bien par une origine nerveuse. Il s'agissait probablement davantage d'un état dépressif que d'une véritable affection. Le désir de plus en plus violent de rentrer à Paris, des contrariétés, peut-être, que nous ignorons, le dégoûtèrent à un point extrême de Cherbourg et de son travail d'ingénieur. On ne connaît pas la date précise de son retour à Paris, chez ses parents ; un jour d'automne 1812, en octobre ou en novembre, Madame Cauchy, inquiète, vint à Cherbourg voir son fils, et le trouvant fort mal, le ramena au Palais du Luxembourg.

Sur les polygones et les polyèdres

Les deux premiers mémoires présentés par Cauchy à l'Institut les 11 février 1811 et 20 janvier 1812 contiennent des recherches de géométrie pure sur les polygones et les polyèdres. Ces recherches, entreprises sur les conseils de Lagrange et de Legendre, exigeaient peu de connaissances et beaucoup d'ingéniosité. C'était un sujet idéal pour un mathématicien débutant qui voulait montrer ses capacités.

Les polyèdres réguliers non convexes

La première partie du mémoire du 11 février 1811[1] était inspirée d'un travail de Poinsot présenté à l'Institut le 24 juillet 1809 et publié quelques mois plus tard dans le *Journal de l'École Polytechnique*. On connaissait depuis l'Antiquité les cinq polyèdres réguliers convexes, le tétraèdre, le cube, l'octaèdre, le dodécaèdre et l'icosaèdre, appelés parfois solides platoniciens ou figures cosmiques. Kepler avait ajouté un polyèdre régulier non convexe : le dodécaèdre à faces étoilées. Poinsot réussit à construire dans son mémoire de 1809 deux nouveaux dodécaèdres étoilés et l'icosaèdre étoilé, mais il ne put démontrer s'il existait ou non d'autres polyèdres réguliers. « Voilà une question qui mériterait d'être approfondie, écrivait-il, et qu'il ne paraît pas facile de résoudre en toute rigueur » (fig. 1).

Cauchy y parvint en généralisant aux polyèdres une méthode de construction des polygones réguliers étoilés mentionnée par Poinsot. Si l'on prolonge les côtés d'un polygone régulier convexe à n côtés P circonscrit à un cercle C, on

1. *O.C.*, 2, I, pp. 7-18.

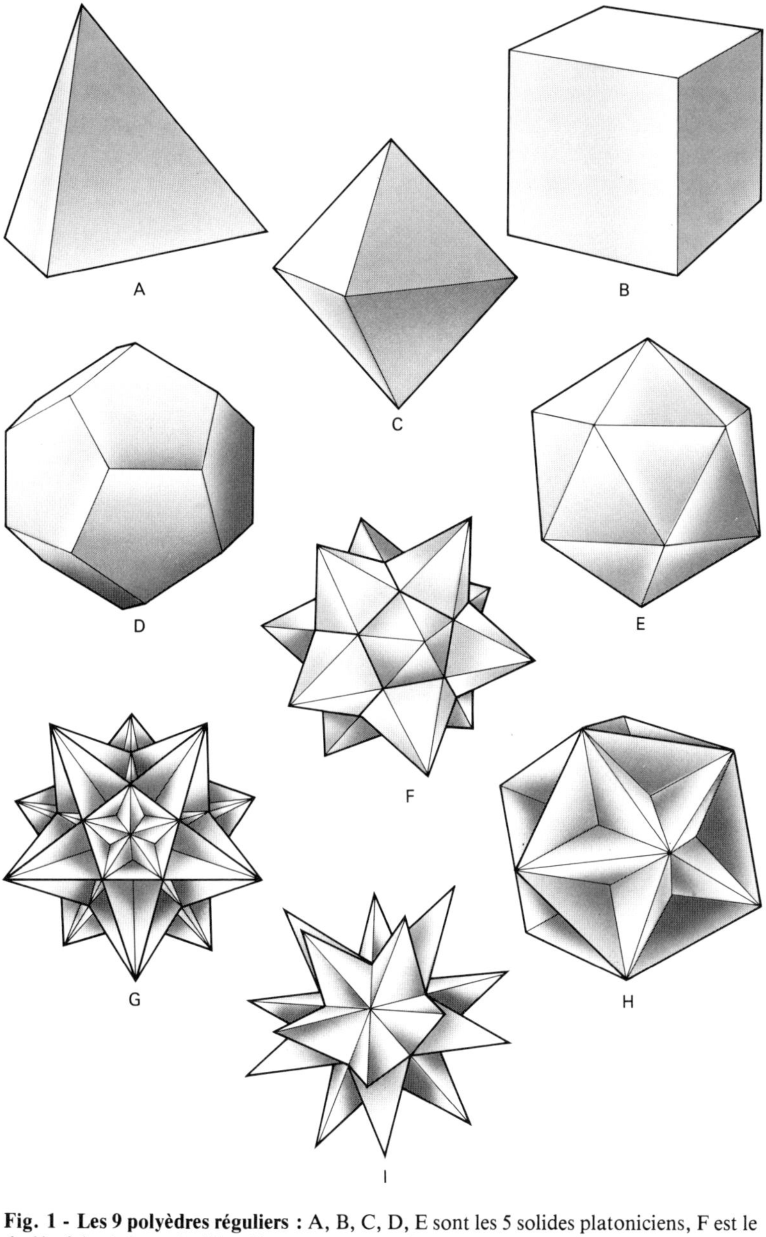

Fig. 1 - Les 9 polyèdres réguliers : A, B, C, D, E sont les 5 solides platoniciens, F est le dodécaèdre à faces étoilées découvert par Kepler et G, H, I les 3 autres polyèdres non convexes rajoutés par Poinsot. Cauchy a démontré le premier qu'il n'existe aucun autre polyèdre régulier.

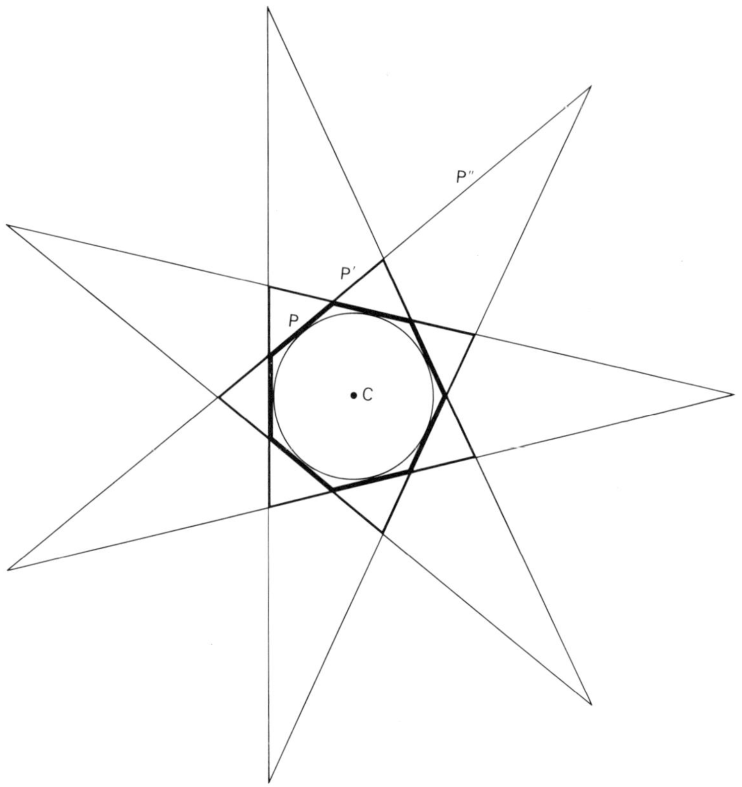

Fig. 2 - Méthode de Poinsot pour obtenir tous les polygones réguliers étoilés à *n* côtés. En prolongeant les côtés d'un polygone régulier convexe à *n* côtés, on obtient : $\frac{\varphi(n)}{2} - 1$ polygones réguliers étoilés à *n* côtés, où $\varphi(n)$ est l'indicateur d'Euler de *n*, c'est-à-dire le nombre d'entiers inférieurs à *n* et premiers avec *n*. Sur la figure, par exemple, on voit, circonscrit au cercle C, l'heptagone régulier convexe P et, circonscrits au même cercle, les heptagones réguliers étoilés P' et P" dont P est le noyau. Cauchy s'inspire de cette méthode de construction, étendue aux polyèdres réguliers, pour démontrer l'existence de seulement 4 polyèdres réguliers non convexes.

obtient un certain nombre de polygones réguliers étoilés à n côtés, P', P", etc. circonscrits à C. P sert de « noyau » à P' (fig. 2). Considérons maintenant un polyèdre circonscrit à une sphère S. Il existe de même un polyèdre convexe Π circonscrit à S qui sert de noyau à Π'.

Cauchy démontrait que ce dernier polyèdre est toujours régulier et qu'il est donc un des cinq solides platoniciens. Pour obtenir tous les polyèdres réguliers non convexes, il suffit donc de prolonger les arêtes ou les faces des cinq solides platoniciens. Une étude systématique montre que l'on obtient toujours l'un des quatre polyèdres réguliers non convexes décrits par Kepler et Poinsot. Il n'existe donc que neuf polyèdres réguliers.

Le théorème d'Euler sur les polyèdres

Dans la deuxième partie du mémoire du 11 février 1811[1], Cauchy redémontrait le théorème d'Euler qu'il généralisait ensuite à un réseau quelconque de polyèdres. Euler avait énoncé le premier dans une lettre de 1750 à Goldbach une relation simple entre le nombre de sommets S, de faces F et d'arêtes A d'un polyèdre : $S + F = A + 2$ (fig. 3).

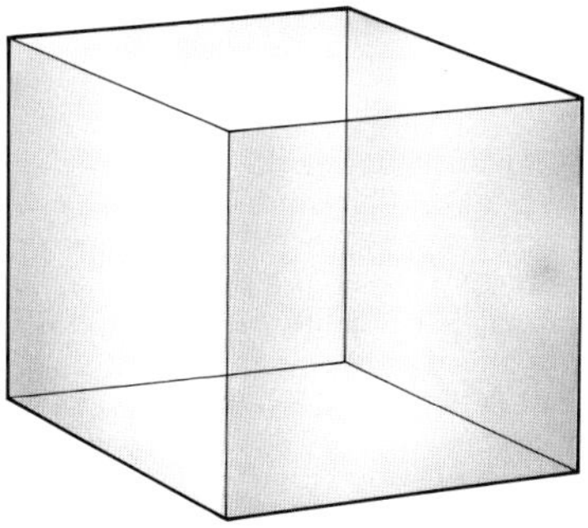

CUBE
S = 8, F = 6, A = 12
S + F = A + 2

Fig. 3 - La formule d'Euler dans le cas d'un cube. S est le nombre de sommets, F le nombre de faces et A le nombre d'arêtes.

1. *O.C.*, 2, I, pp. 18-25.

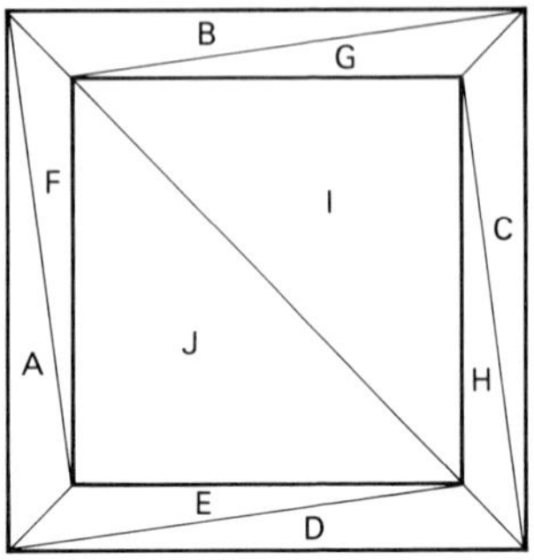

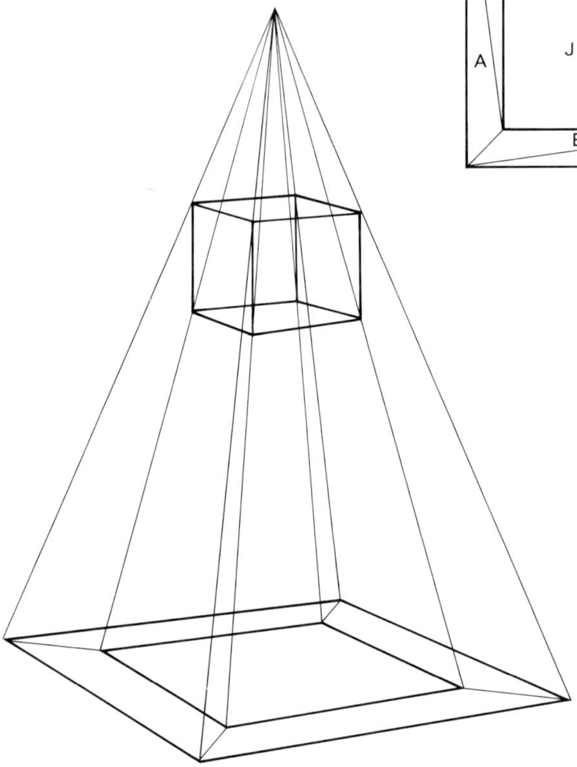

Fig. 4 - La démonstration par Cauchy du théorème d'Euler dans le cas d'un cube. Après avoir supprimé une des faces du cube, l'on considère le réseau de 5 polygones formé par les 5 faces restantes que l'on peut projeter par commodité sur un plan. On décompose ce réseau par triangulation et l'on démontre ainsi que $P + S - A = 1$, où P est le nombre de polygones du réseau, S le nombre de sommets et A le nombre de côtés (pour le réseau considéré on a $5 + 8 - 12 = 1$). Si l'on revient au cube de départ, on peut traduire cette formule en $F + S = A + 2$, en rajoutant la face manquante : c'est la formule d'Euler. Évidemment, cette démonstration n'est valable que si les projections des faces ne se superposent pas.

Fig. 5 - La formule de Cauchy dans le cas d'un réseau cubique de 6 pyramides. S est le nombre de sommets, F le nombre de faces, A le nombre d'arêtes et P le nombre de polyèdres du réseau (ici, des pyramides). On ne compte qu'une fois les éléments — sommets, faces, arêtes — communs à plusieurs polyèdres du réseau.

L'année suivante, il donna la première démonstration de cette relation, appelée aujourd'hui théorème d'Euler, fondée sur la décomposition du polyèdre en pyramides et sa réduction à une seule pyramide par destructions successives des autres pyramides. Legendre proposa en 1794 une nouvelle démonstration du théorème d'Euler utilisant les propriétés métriques des polygones sphériques obtenus en projetant les faces d'un polyèdre convexe sur une sphère renfermée dans son intérieur.

La démonstration de Cauchy était toute différente. Il considérait d'abord un réseau de P polygones qu'il décomposait en un réseau de triangles. En détruisant successivement ces triangles jusqu'à réduire le réseau à un unique triangle, il démontrait la relation suivante entre le nombre P de polygones, le nombre S de sommets et le nombre A de côtés : $P + S = A + 1$. Pour déduire de cette relation le théorème d'Euler, il supprimait une des faces d'un polyèdre et remarquait que les autres faces forment alors un réseau de polygones renfermé dans le contour de la face supprimée. Si F est le nombre de faces du polyèdre, S le nombre de sommets et A le nombre de côtés, en substituant $F-1$ à P, et en utilisant la relation précédente, on obtient $(F-1)+S = A+1$, soit $S+F = A+2$, c'est-à-dire la formule d'Euler (fig. 4). Il généralisait ensuite cette formule au cas d'un réseau de P polyèdres. Il obtenait, par un raisonnement inspiré de celui utilisé par Euler pour démontrer son théorème, la relation $S+F = A+P+1$ (fig. 5). Si $P = 1$, cette relation se réduit évidemment au théorème d'Euler.

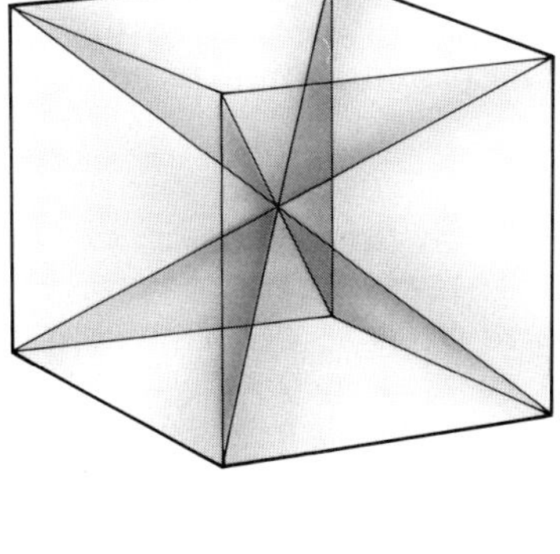

DÉCOMPOSITION DU CUBE EN 6 PYRAMIDES
$S = 9,\ F = 18,\ A = 20,\ P = 6$
$S + F = A + P + 1$

Le travail de Cauchy sur le théorème d'Euler, malgré sa qualité, n'est pas entièrement satisfaisant. Outre que la méthode de réduction d'un réseau de polygones à un seul triangle et d'un polyèdre à une seule pyramide, inspirée d'Euler, est susceptible de plusieurs objections, qui échappèrent d'ailleurs aux contemporains, ses démonstrations pèchent comme celles d'Euler par un manque de définition. Cauchy ne précise pas en effet le genre des polyèdres qu'il considère. Or le théorème d'Euler n'est exact que pour les polyèdres homéomorphes à la sphère, c'est-à-dire les polyèdres que l'on peut déformer continûment jusqu'à les faire coïncider avec une sphère. Lhuillier remarqua le premier, dans un mémoire publié en 1813, qu'il existe des polyèdres pour lesquels le théorème d'Euler n'est pas valable. Par exemple, notait-il, pour un polyèdre annulaire, il faut substituer à la relation $S + F = A + 2$ la relation $S + F = A$. Pour le mathématicien J. Hadamard, l'erreur de Cauchy est un des faits les plus remarquables de l'histoire de la science, dans la mesure où il passait ainsi à côté d'un problème fondamental pour l'étude des fonctions algébriques : celui de la topologie des surfaces, abordé pour la première fois quarante ans plus tard par Riemann.

La proposition d'Euclide sur les polyèdres

Le mémoire du 20 janvier 1812[1] était consacré à la démonstration du théorème suivant renfermé dans la définition IX du onzième livre d'Euclide : « Deux polyèdres convexes, compris sous un même nombre de faces égales et semblablement placées, sont ou superposables ou symétriques, et, dans les deux cas, ils sont nécessairement égaux. » Cauchy déduisait immédiatement ce théorème d'une proposition légèrement différente : *« un polyèdre à faces rigides est nécessairement rigide »* (fig. 6).

Il commençait par démontrer un théorème sur les variations d'angles de polygones rectilignes ou sphériques convexes : si un polygone d'au moins quatre côtés se déforme sans que

1. *O.C.*, 2, I, pp. 26-35.

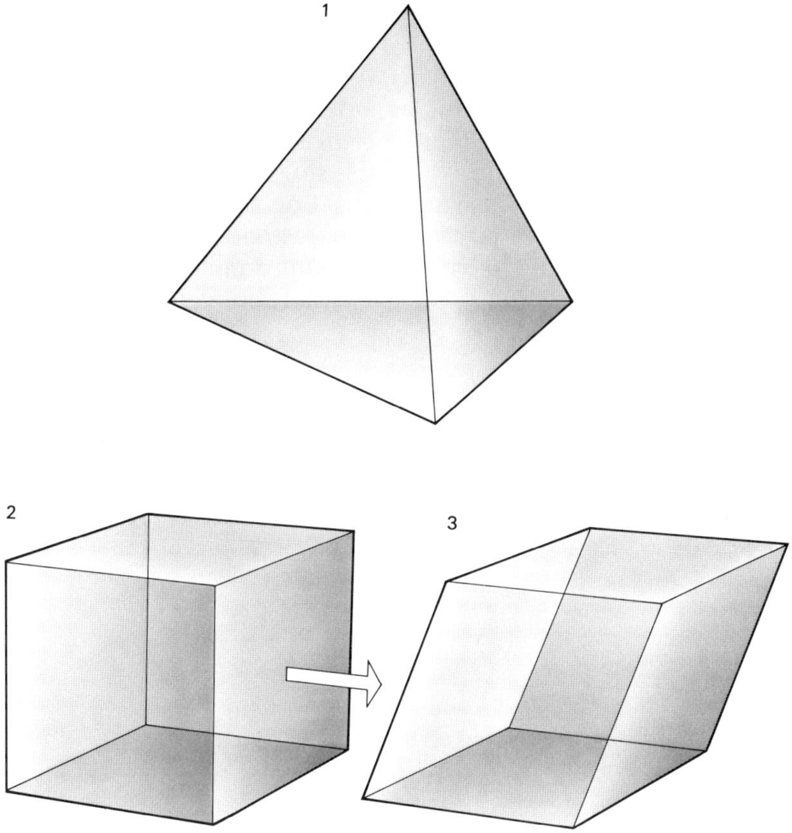

Fig. 6 - Polyèdres rigides et polyèdres flexibles. Considérons les polyèdres dont les arêtes sont rigides. Le tétraèdre 1 ne peut se déformer sans que certaines de ses arêtes changent de longueur ; c'est donc un polyèdre entièrement rigide. Le cube 2 est un polyèdre flexible, car on peut le fléchir sans déformer ou rallonger ses arêtes jusqu'à obtenir l'héxaèdre 3 ; mais ses faces se déforment toujours dans la flexion, les carrés devenant des losanges. Cauchy a démontré en 1812 que les polyèdres convexes à faces rigides sont toujours entièrement rigides. Ce résultat n'est pas vrai pour tous les polyèdres : on connaît depuis 1978 plusieurs polyèdres flexibles à faces rigides, appelés fléxaèdres.

change la longueur de ses côtés, certains de ses angles augmentent et d'autres diminuent ; si l'on associe des signes positifs aux premiers et des signes négatifs aux seconds, on trouve, en faisant le tour du polygone dans un certain sens, au moins quatre changements de signes. Cauchy traduisait ensuite ce résultat en un théorème sur les angles solides. Un angle solide est défini par des angles plans, *a, b, c,* etc., et les inclinaisons des faces planes les unes sur les autres α, β, γ, etc. La projection d'un angle solide sur une sphère centrée sur son sommet S est un polygone sphérique (fig. 7). Alors, si les inclinaisons des faces planes d'un angle solide varient et si l'on associe aux variations positives des signes positifs et aux variations négatives des signes négatifs, on trouve, en tournant autour du sommet de l'angle solide dans un certain sens, au moins quatre changements de signe.

Cauchy utilisait ce résultat pour démontrer la rigidité d'un polyèdre convexe à faces rigides. Raisonnant par l'absurde,

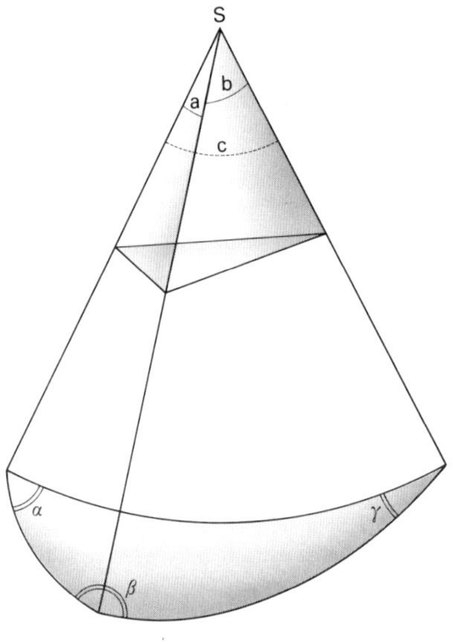

Fig. 7 - Angle solide formé par les trois faces, autour du sommet S, d'un tétraèdre. Les angles *a, b, c* sont les angles plans de l'angle solide et les angles α, β, γ sont les inclinaisons de ses faces les unes sur les autres. Cauchy utilise un théorème sur la variation de l'inclinaison des faces d'un angle solide et le théorème d'Euler pour démontrer la proposition d'Euclide sur les polyèdres.

il envisageait la flexion d'un polyèdre convexe à S sommets et à faces rigides ; il supposait d'abord, pour simplifier, que les inclinaisons de ses faces varient toutes ensemble dans la flexion et associait à chaque arête du polyèdre un signe positif ou négatif, suivant que l'inclinaison sur l'arête des deux faces adjacentes augmente ou diminue. Cauchy comptait par deux méthodes différentes le nombre de changements de signe obtenus en passant d'une arête à une arête adjacente : il tournait d'abord autour de chacun des S sommets du polyèdre pris successivement et obtenait, d'après son théorème sur les angles solides, *au moins* 4S changements de signe ; puis, il comptait le nombre de changements de signe associés à chacune des faces du polyèdre, prises successivement, et obtenait, en utilisant le théorème d'Euler, *au plus* 4S-8 changements de signe. La contradiction des résultats démontrait l'absurdité de l'hypothèse. Cauchy généralisait ensuite son raisonnement au cas où seules certaines inclinaisons des faces varient au cours de la flexion. Cette belle démonstration de la rigidité des polyèdres convexes à faces rigides ne s'étend pas à tous les polyèdres : plusieurs polyèdres non convexes flexibles à faces rigides ont été découverts ces dernières années.

Lorsqu'il envoya à Malus sa démonstration par l'intermédiaire de son père, Cauchy eut d'abord quelque mal à imposer son raisonnement par l'absurde. Il écrivait à ce propos dans une lettre à son père :

« *Quant à la forme de démonstration que j'ai employée, je crois qu'il serait non seulement difficile, mais même impossible de la changer. La raison en est que l'on n'a pas pu jusqu'ici démontrer géométriquement, sans réduction à l'absurde, le théorème qui, dans la Géométrie à deux dimensions, est analogue à celui que je démontre dans la Géométrie à trois dimensions ; je veux dire celui par lequel on prouve que deux triangles sont égaux quand ils ont les trois côtés égaux. Si l'on parvient à démontrer ce dernier théorème sans trigonométrie et sans réduction à l'absurde, je consens à ce que ma démonstration ne soit point admise. Il paraît donc impossible de bannir de la Géométrie la démonstration* ab absurdo, *qui convient particulièrement au cas dont il s'agit. En effet, pour prouver qu'avec certaines conditions on ne peut construire qu'un seul polyèdre, il faut bien faire voir qu'après en avoir construit un premier avec les conditions données, on ne peut en construire un second sans tomber dans des absurdités. J'insiste sur cette réflexion, parce que l'espèce de démonstration que j'ai employée me paraît inhérente à la nature du théorème en question. Aussi est-ce la seule que M. Legendre ait employée pour la démonstration de quelques cas particuliers du même théorème.»*

Legendre rédigea en fin de compte un rapport favorable. Sa conclusion était même très élogieuse :

« Nous voulions ne donner qu'une idée de la démonstration de M. Cauchy, et nous avons rapporté cette démonstration presque tout entière. Nous avons ainsi fourni une preuve plus évidente de la sagacité avec laquelle ce jeune géomètre est parvenu à vaincre une difficulté qui avait arrêté les maîtres de l'art, et qu'il était important de résoudre pour le perfectionnement de la théorie des solides.»

Cauchy abandonna définitivément après 1812 l'étude des problèmes de géométrie pure. Déjà, à Cherbourg, il accordait peu d'importance à ce genre de recherches qui ne paraissaient pas susceptibles d'applications. Sa conception des mathématiques, largement partagée par les mathématiciens français de l'époque, était celle d'un ingénieur. Dans une conférence prononcée le 14 novembre 1811, il déclarait :

« L'arithmétique, la géométrie, l'algèbre, les mathématiques transcendantes sont des sciences que l'on peut regarder comme terminées, et dont il ne reste plus à faire que d'utiles applications.»

Évidemment, ses propres recherches devaient montrer par la suite combien ce jugement était erroné.

CHAPITRE II

Nominations

Cauchy était resté près de trois années à Cherbourg. Il y avait appris son métier d'ingénieur et s'était fort bien tiré des tâches qu'on lui avait confiées. Mais son tempérament et ses capacités l'inclinaient vers une autre voie : de constitution peu robuste, davantage attiré par les questions abstraites que par les problèmes concrets, il semble s'être peu à peu désintéressé du travail de chantier. Par contre, il s'adonnait de plus en plus à l'étude des mathématiques. Il profitait de ses temps de loisir pour approfondir ses connaissances. Il commença ses premières recherches et obtint ses premiers succès. Beaucoup d'idées germèrent alors, qui devaient être développées au cours des années suivantes.

Ingénieur à Paris

De retour à Paris, il retrouva affection et compréhension au Palais du Luxembourg, chez ses parents. En congé « pour soigner sa santé », il termina son double mémoire *Sur les fonctions symétriques* présenté à l'Institut le 30 novembre 1812 et publié en 1815. Lorsque le congé accordé par l'administration des Ponts et Chaussées vint à expiration, le 1er février 1813, il prit sa décision : il consacrerait sa vie, suivant une de ses expressions favorites, « à la recherche de la vérité » ; plutôt que de retourner à Cherbourg, il resterait donc à Paris où il pouvait travailler dans de meilleures conditions et préparer son entrée dans la carrière des sciences.

Il assistait maintenant aux réunions de la Société philomatique dont il était correspondant et où il présenta le 30 mars et le 3 avril 1813 une application géométrique de son dernier mémoire. Il pouvait y rencontrer le rédacteur de la partie mathématique du *Bulletin* de la Société, Siméon-Denis Poisson, de huit ans son aîné. Poisson, disciple fidèle de Laplace qui l'avait constamment soutenu, avait suivi une carrière fulgurante depuis son passage à l'École polytechnique où il était entré major en 1798. D'abord professeur suppléant d'analyse dans cette École en remplacement de Fourier, il avait été nommé à vingt et un ans, en 1802, professeur titulaire. Il avait préféré en 1807 la mécanique, dont un peu plus tard il occupa aussi la chaire à la Faculté des Sciences, nouvellement créée. Depuis 1808, il était en même temps adjoint dans la section de géométrie du Bureau des longitudes. Enfin il venait d'entrer, à trente et un ans, dans la première classe de l'Institut qui l'avait chargé d'examiner le mémoire de Cauchy *Sur les fonctions symétriques*. En dix ans, Poisson s'était donc imposé sans discussion comme le plus notable mathématicien de sa génération. Il s'intéressait surtout à la mécanique et à la physique mathématique et s'attachait à y poursuivre l'œuvre de Laplace. Il avait déjà conseillé Cauchy quand ce dernier était à Cherbourg ; il continua à le soutenir au cours des années suivantes.

Outre l'appui de Poisson, Cauchy disposait de celui de Laplace, c'est-à-dire du savant le plus influent de cette époque. Il avait, grâce à son père, des facilités pour rencontrer l'auteur de la *Mécanique céleste*. Non seulement celui-ci occupait depuis 1807 l'appartement de Chancelier du Sénat au Palais du Luxembourg, mais encore il avait acheté en 1806 à Arcueil, à quelques rues de la maison de Louis-François, une propriété voisine de celle de son ami le chimiste Berthollet. Autour des deux savants se réunissaient régulièrement quelques jeunes chercheurs. Ces réunions informelles donnèrent naissance en 1807 à la Société d'Arcueil qui joua un rôle considérable, au moins jusqu'en 1814, dans le développement de la physique et de la chimie. Certes, Cauchy, qui travaillait à cette époque sur des sujets de mathématiques pures, demeura extérieur à la Société, mais Laplace l'encouragea à poursuivre dans les sciences.

Cauchy demanda, probablement sans illusion, un poste de professeur-adjoint à l'École des Ponts et Chaussées. Le conseil de l'École rejeta sa requête le 3 février, « tout en saluant ses remarquables talents » ; mais, « soucieux de le voir se livrer plus aisément à ses recherches de science pure», le conseil «suppliait» l'administration de l'affecter à un poste d'ingénieur à Paris. Fort de cet appui, et grâce, peut-être, à d'autres interventions, Cauchy fut rendu en mars 1813 par le ministère de la Marine au ministère de l'Intérieur et nommé ingénieur au canal de l'Ourcq. L'administration avait alors le souci d'encourager la recherche au sein du corps des Ponts et Chaussées. Augustin Fresnel, comme Cauchy, profita un peu plus tard de ces bonnes dispositions. Il obtint lui aussi en 1818 un poste d'ingénieur au canal de l'Ourcq afin de pouvoir continuer à Paris ses expériences sur la diffraction de la lumière.

Cauchy revenait sur un chantier auquel il avait assidûment participé quand il était élève-ingénieur. Le directeur du canal de l'Ourcq, Girard, qui connaissait les qualités du jeune homme, était peut-être intervenu dans sa nomination. Il avait obtenu que Lehot, l'ingénieur que remplaçait Cauchy, auquel il reprochait des malfaçons dans l'aqueduc de ceinture, fût muté dans le Puy-de-Dôme malgré ses protestations et ses prières. Lehot devait, avant son départ pour Clermont-Ferrand, rester quelque temps à Paris pour terminer le compte des travaux dont il était chargé. Cauchy, reprenant ses activités d'ingénieur, l'aida dans cette tâche. Mais son esprit était ailleurs. Il comptait bien quitter rapidement le service. Grâce à son père et à son talent, tous les espoirs lui étaient permis, lorsque la mort de Lagrange, le 10 avril 1813, laissa deux places vacantes aux sections de géométrie du Bureau des longitudes et de la première classe de l'Institut.

Le Bureau des longitudes avait été créé en 1795 pour favoriser le développement de l'astronomie mathématique et le calcul des tables astronomiques. Les dix membres du Bureau, auxquels s'ajoutèrent bientôt des surnuméraires, disposaient d'adjoints et de quelques employés. Deux membres étaient mathématiciens, Laplace et Lagrange, et formaient sa section de géométrie. Le Bureau partageait avec l'Institut le privilège de nommer lui-même de nouveaux membres; le ministère de l'Intérieur se contentait en général de sanctionner son choix. Laplace exerçait sur le Bureau une influence prépondérante qui lui permettait de pousser en avant ses protégés au moment des nominations; Biot en 1806, Arago en 1807, Poisson en 1808, tous membres de la Société d'Arcueil, devinrent adjoints grâce à Laplace.

Joseph-Louis Lagrange (1736-1813), turinois installé en France à la veille de la Révolution, était le plus prestigieux mathématicien de son temps. Membre du Sénat sous l'Empire, il rencontra le jeune Cauchy au Palais du Luxembourg et lui indiqua un peu plus tard son premier sujet de recherche. A sa mort, en 1813, Cauchy, qui venait de rentrer de Cherbourg, lui rendit hommage et se présenta à l'Institut au siège laissé vacant, mais il fut battu par Poinsot. *(Belin - J.-L. Charmet)*

Cauchy espérait profiter lui aussi de cette protection. A la mort de Lagrange, le Bureau des longitudes pensa, à l'unanimité, que Prony, membre surnuméraire de la section de géométrie, lui succédait de droit et qu'il suffisait d'en donner avis au ministère de l'Intérieur. Le Bureau choisit, toujours à l'unanimité, pour remplacer Prony comme membre surnuméraire, Mathieu, beau-frère d'Arago, bibliothécaire du Bureau. Il fallait donc nommer un nouveau bibliothécaire, qui aiderait aussi aux observations astronomiques. Cauchy réunit, sans doute grâce à Laplace, la majorité des suffrages. Hélas, toutes les élections furent exceptionnellement annulées par le ministère de l'Intérieur et le Bureau dut présenter, dans la forme ordinaire, une nomination à la place laissée vacante par la mort de Lagrange. Trois candidats se présentèrent, Legendre, Poisson et Prony. Legendre ayant été élu le 26 mai 1813, Prony resta surnuméraire et Mathieu bibliothécaire. Cauchy perdait tout espoir d'occuper le poste que ne libérait plus Mathieu.

Il ne fut pas plus heureux à l'Institut. Il prépara pourtant soigneusement sa canditature avec la complicité de Poisson. Ce dernier présenta un rapport favorable sur le double mémoire de Cauchy *Sur les fonctions symétriques*, deux jours après la mort de Lagrange. Cauchy put insérer ce nouveau rapport, avec ceux sur ses deux précédents mémoires, dans une brochure qu'il fit éditer pour l'élection.

Pour faire bonne mesure, Cauchy s'efforça d'apparaître au cours des semaines suivantes, comme un disciple et un continuateur de Lagrange. Il publia en mars 1813 un bref article, extrait de ses recherches sur les nombres polygonaux, dans lequel il donnait une démonstration nouvelle d'un théorème de théorie des nombres donné par celui-ci en 1770. Le 17 mai, une semaine avant la présentation à la première classe d'une liste de candidats par la section de géométrie, il déposa un nouveau mémoire, sur la théorie des équations ; il avait préparé un bref exposé qu'il comptait lire en séance et qu'il fit imprimer, dans lequel il présentait son travail comme la réponse à un problème posé par Lagrange, auquel il rendait un hommage appuyé.

De fait, Cauchy avait entrepris cette recherche sur les conseils de Poisson. Par une faveur qui n'était pas dans les habitudes académiques mais que l'élection à la section de géométrie suffisait à expliquer, ce dernier lut son rapport, élogieux, dès la semaine suivante. Au cours de la même séance, la section de géométrie présenta sa liste de candidats. Cauchy, soutenu par Laplace et par Legendre, se trouvait en seconde position, derrière son ami Jacques Binet, mais devant Duvillard, Poinsot, Puissant, Ampère et Parseval. C'est pourtant Poinsot qui fut élu le 31 mai, au troisième tour, par 23 voix contre l'obscur Duvillard. Cauchy, éliminé dès le premier tour, n'avait obtenu que deux voix, distancé non seulement par Poinsot et Duvillard mais encore par Binet.

Cauchy voyait ainsi s'éloigner, pour l'instant du moins, la possibilité de quitter son métier d'ingénieur. Il fut sans doute très déçu de ces premiers échecs et, mal remis de sa maladie de l'année précédente, il demanda et obtint, le 5 juin 1813, un nouveau congé de six mois sans traitement pour raison de santé. Il ne put cependant en jouir avant l'arrivée, à la mi-juillet, de l'ingénieur Denoël, nommé pour le remplacer. Il reprit, pendant son congé, ses recherches sur la théorie des équations. Il s'agissait de déterminer *a priori* le nombre de racines réelles positives et négatives d'une équation algébrique quelconque. Il avait présenté, dans son mémoire du 17 mai 1813, une formule applicable seulement au cas d'une équation avec des racines simples. Les 18 octobre et 22 novembre 1813, il présenta deux nouveaux mémoires dans lesquels il donnait une méthode applicable au cas général.

Louis-François écrivit au directeur des Ponts et Chaussées, le baron Costaz, à l'expiration du congé en janvier 1814, pour demander, toujours pour raison de santé, un nouveau congé de trois mois en faveur de son fils. Celui-ci reprit-il son service aux Ponts et Chaussées, après ce congé supplémentaire, en mars 1814? Nous l'ignorons; les travaux du canal de l'Ourcq, de toute façon, furent pratiquement interrompus pendant les événements de 1814 et de 1815 et Cauchy disposa donc du temps nécessaire pour s'adonner à ses recherches. Après l'année peu féconde de 1813, les deux années suivantes furent deux intenses années créatrices.

Cauchy présenta d'abord à l'Institut, le 7 mars 1814, alors que Napoléon menait à quelques kilomètres de Paris ses dernières batailles, un mémoire sur la théorie des erreurs. Il s'agissait cette fois-ci d'un « travail de commande » proposé par Laplace qui fut chargé avec Poisson d'examiner le mémoire. Mais Cauchy entreprenait déjà une recherche d'une plus grande ampleur, présentée à l'Institut le 22 août suivant sous le titre assez imprécis de *Mémoire sur les intégrales définies.* Abordant pour la première fois une question d'analyse, domaine dans lequel il allait exceller, il étudiait une méthode de calcul d'intégrales par passage du réel à l'imaginaire utilisée par Laplace. Ce mémoire remarquable constitue le point de départ de sa théorie des fonctions d'une variable complexe. Legendre présenta un rapport très favorable et la première classe décida la publication de ce mémoire dans le recueil des *Mémoires des savants étrangers*. Cauchy s'imposait décidément comme le plus doué parmi les jeunes mathématiciens de sa génération.

Pierre-Simon Laplace (1749-1827). Après la mort de Lagrange, Laplace devint le plus actif et le plus puissant protecteur de Cauchy qu'il connaissait depuis longtemps grâce à son père. Sur ses conseils, Cauchy étudia, en 1814, la méthode d'intégration par passage du réel à l'imaginaire utilisée dans la *Théorie analytique des probabilités,* point de départ de ses travaux sur les fonctions d'une variable complexe. Laplace joua, un peu plus tard, un grand rôle dans la nomination de Cauchy comme professeur d'analyse et de mécanique à l'École Polytechnique. Mais, en 1821, dans l'introduction de son *Analyse algébrique*, Cauchy condamna, pour des raisons philosophiques et religieuses, l'extension du calcul des probabilités aux faits sociaux, proposée par Laplace ; un peu plus tard, il critiqua aussi, pour son manque de rigueur, sa théorie des fonctions génératrices. *(Roger-Viollet)*

L'antichambre de l'Académie

Deux ans étaient passés cependant depuis le retour de Cherbourg et il n'était pas encore parvenu à quitter les Ponts et Chaussées pour une place dans une institution scientifique ; le décès de Bossut, le 14 janvier 1814, et celui de Lévêque, le

16 octobre suivant, laissaient vacantes deux places à l'Institut et un poste d'examinateur des élèves de la marine; Cauchy, d'après une lettre de Laplace à Huguet de Semonville, grand référendaire à la Chambre des pairs, brigua ce dernier poste :

« M. Cauchy vient de m'apprendre la mort de M. Lévêque, mon collègue à l'Institut et examinateur des élèves de la marine. Il désirerait que son fils remplaçât cet examinateur. Je puis vous assurer que personne n'est plus en état que ce jeune homme de remplir cette place importante. »

Et Laplace ajoutait, faisant allusion à la candidature de Cauchy à la place laissée vacante par Bossut dans la section de géométrie :

« M. Cauchy fils est un géomètre très distingué qui a fait preuve à l'Institut d'un rare talent pour les Mathématiques, par un grand nombre d'excellents mémoires qu'il a donnés sur les diverses branches de ces sciences. Il est, parmi tous ceux qui prétendent à la place actuellement vacante dans l'Institut, celui qui me paraît avoir le plus de droits, et je le crois destiné à remplacer dignement les géomètres de cet illustre corps. Je me fais un vrai plaisir de lui rendre ce témoignage. »

Cauchy prépara encore une fois avec beaucoup de soin cette élection qui devait avoir lieu le 24 novembre 1814. Il fit éditer un prospectus sur ses travaux et laissa son père utiliser sa position à la Chambre des pairs pour appuyer sa candidature. Une lettre de Cuvier au chancelier de France, président de la Chambre des pairs et garde des sceaux, Charles-Henri Dambray, témoigne de ces interventions étrangères à la science :

« Monseigneur, le jeune M. Cauchy, pour lequel Votre Excellence a bien voulu m'écrire, est en effet l'un de nos géomètres les plus distingués. Son talent est attesté par les grands maîtres de la science, et il n'est pas douteux que la Classe ne fasse en lui une excellente acquisition. »

Cuvier, visiblement sensible aux pressions d'une autorité supérieure, croyait bon d'ajouter :

« L'intérêt que Votre Excellence y prend ajoute infiniment au désir que j'avais de le voir bientôt parmi nous, désir que partagent au reste unanimement mes confrères, ceux mêmes qui, dans le concours actuel, pourraient vouloir faire passer avant lui quelques-uns de ses rivaux. »

Le principal rival de Cauchy dans cette élection, A.-M. Ampère, pouvait donc à juste titre s'inquiéter :

« J'ai un concurrent très appuyé dans un de mes élèves à l'École Polytechnique, aujourd'hui ingénieur des Ponts et Chaussées ; il est le fils du secrétaire de la Chambre des pairs, etc. Si je cessais de fournir des mémoires de mois en mois, jusqu'à la nomination, je serais facilement culbuté. »

Pourtant, le 28 novembre, Ampère fut élu facilement dès le premier tour avec 28 voix. Cauchy avait 10 voix, Binet 7 voix et Duvillard 6 voix ; du moins Cauchy améliorait-il sensiblement son score par rapport à l'élection de mai 1813.

Quelques jours plus tard, le 10 décembre 1814, une place se trouva déclarée vacante à la Société philomatique dont Cauchy était correspondant depuis 1812 ; une commission, comptant Poisson parmi ses membres, proposa le 17 décembre quatre candidats, dont Cauchy, qui fut élu, quinze jours plus tard, membre de la Société. C'était une consolation : faute d'entrer à l'Académie, où son jeune âge était un handicap auprès de nombreux membres, il entrait dans une société savante qui était considérée comme l'antichambre de la Première Classe. Cauchy présenta une ultime candidature à l'Institut en 1815. Napoléon, de retour de l'île d'Elbe, venait de renoncer à son siège dans la section de mécanique (où il avait été élu en 1797, quand il n'était encore que Bonaparte). L'élection se déroula le 8 mai. Molard, un ingénieur inventeur de machines, fut élu ; Cauchy n'eut aucune voix. Ainsi, dans l'enseignement, au Bureau des longitudes, à l'Institut, les portes demeuraient closes.

A vrai dire, il était beaucoup plus difficile à la fin de l'Empire que dix ou quinze ans auparavant d'entrer dans la carrière des sciences. Ceci mérite quelques explications. Il est bien connu que la Révolution et l'Empire permirent à toute une génération de jeunes officiers, parfois sortis du rang, d'accéder très vite à des commandements. Les événements eurent, toutes choses égales d'ailleurs, les mêmes effets dans les sciences, où des jeunes gens de vingt ans firent en quelques années des carrières éblouissantes. C'était la conséquence d'une profonde mutation de la communauté scientifique.

Si la Science avait conquis depuis longtemps la faveur du public éclairé, le modèle du savant, incarné par Condorcet, le secrétaire de l'Académie des Sciences, restait encore, à la veille de la Révolution, le philosophe encyclopédiste individu d'exception et non le spécialiste d'une discipline. Les savants eux-mêmes aspiraient encore à un savoir universel. La Révolution modifia cette façon de voir. Le rôle des mathématiciens et des chimistes en l'an II fit prendre conscience à l'opinion de l'utilité pratique des sciences exactes, le technicien et le spécialiste acquirent un prestige nouveau. Au modèle du savant-philosophe, triomphant au siècle des Lumières, allait se substituer celui du savant-ingénieur, adapté au siècle de la vapeur.

Un bouleversement radical des institutions scientifiques accompagna cette remise en cause. L'Académie des Sciences fut supprimée en août 1793. C'était une institution typique de l'Ancien Régime, qui formait un corps privilégié peu nombreux, très hiérarchisé et dépendant étroitement du pouvoir royal. L'Académie régentait toute la vie scientifique du royaume : elle disposait du monopole de la publication scientifique et intervenait dans les nominations à tous les postes que l'Administration réservait aux savants. Conforme à la conception universaliste et élitiste du savoir qui dominait jusqu'alors, elle ne répondait plus aux besoins nouveaux de l'activité scientifique. La première classe de l'Institut, créée en 1795 pour remplacer l'Académie des Sciences, n'exerçait pas la même autorité. D'autres lieux de recherche coexistaient avec elle ; par exemple, pour les sciences exactes, il y avait le Bureau des longitudes décrit plus haut. Des revues nouvelles paraissaient hors de son contrôle, comme le *Bulletin* de la Société philomatique ou le *Journal de l'École Polytechnique*. En même temps était créée l'École Polytechnique qui devait former non seulement des ingénieurs pour les services publics mais aussi des savants.

Toutes ces transformations modifiaient du tout au tout le déroulement des carrières scientifiques. Sous l'Ancien Régime, il n'existait aucune règle pour commencer dans les sciences. Il s'agissait d'entrer à l'Académie, hors de laquelle il n'y avait point de salut pour un savant et d'y gravir lentement les différents degrés de sa hiérarchie. L'École Polytechnique était maintenant un passage obligé pour ceux qui voulaient se consacrer aux sciences exactes. La multiplication des places, en particulier dans l'enseignement, offrait de réelles possibilités de carrière. Certes les positions les plus élevées restaient occupées par des membres de l'ancienne Académie. Lagrange, Legendre et

Laplace exercèrent ainsi jusqu'à la fin de l'Empire une influence décisive sur tout ce qui concernait les mathématiques. Mais une génération de jeunes savants investit en une dizaine d'années, entre 1795 et 1805, les nouvelles institutions scientifiques. Tous, Biot, Arago, Poisson, Malus, etc., étaient sortis de l'École Polytechnique, exceptés les plus âgés comme Fourier et Ampère. Après 1805, le mouvement commença à se ralentir. La pratique du cumul, généralisée lors de la création de la Faculté des Sciences en 1807, et les difficultés financières limitaient le nombre des postes offerts à ceux qui débutaient maintenant dans la carrière. A l'époque où Cauchy tentait de se lancer à son tour, les places étaient donc déjà prises et d'autant plus difficiles à libérer que ceux qui les occupaient étaient généralement très jeunes. Cette situation décourageante fut une des causes du déclin relatif de la science française quelques années plus tard.

Cauchy continuait pourtant à travailler d'arrache-pied. Il prépara un mémoire pour le Grand Prix de mathématiques dont le sujet, proposé en janvier 1814, était la théorie de la propagation des ondes à la surface d'un fluide de profondeur indéfinie. Il s'aventurait ainsi sur le terrain nouveau pour lui des mathématiques appliquées, domaine favori des mathématiciens français de l'époque. Il déposa anonymement son manuscrit, comme l'exigeait le règlement, le 2 octobre 1815 et remporta le prix de 3000 F le 26 décembre suivant[1]. Quelques semaines auparavant, le 13 novembre, il avait présenté à l'Institut un mémoire d'arithmétique concernant le théorème de Fermat sur les nombres polygonaux, auquel il travaillait depuis Cherbourg[2].

Les nombres polygonaux sont des nombres entiers positifs que connaissaient déjà les Grecs. Un nombre triangulaire s'écrit $\frac{t(t+1)}{2}$, un nombre carré t^2 et, plus généralement un nombre $(n+2)$-gonal $\frac{t + t(t-1)n}{2}$ Fermat affirmait que tout nombre entier peut s'écrire comme la somme de n nombres n-gonaux. Par exemple 10 est somme des 3 nombres triangulaires 1, 3, 6, des 4 nombres carrés 1, 1, 4, 4, des 5 nombres

1. Mémoire publié seulement en 1827, avec cinq notes supplémentaires rédigées entre 1821 et 1824; *O.C.*, 1, I, 5-318.

2. *O.C.*, 2, VI, pp. 320-353.

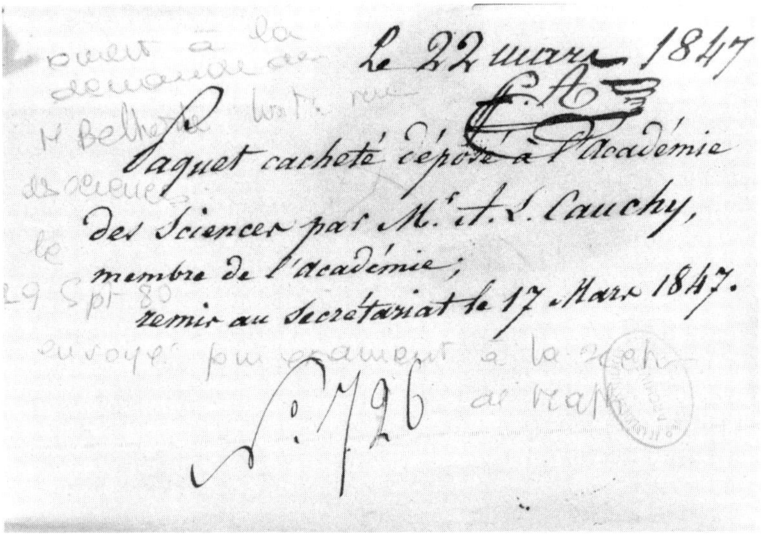

Pli cacheté sur le grand théorème de Fermat. Pour le démontrer, écrit Cauchy, « il suffit d'associer le théorème de Dirichlet et sa méthode par le plus grand diviseur au théorème donné dans mon *Analyse algébrique*, page 459, formule 38 ; ainsi, on prouve que le module d'un facteur radical, réduit à sa plus simple expression, est inférieur à l'unité et que les coefficients sont inférieurs à la moitié de l'unité ».
Lamé avait annoncé, le 1er mars 1847, qu'il avait trouvé une démonstration du théorème de Fermat fondée sur une décomposition complète de $x^n + y^n$ en n facteurs linéaires premiers entre eux contenant des nombres imaginaires. Mais il n'avait pu établir l'unicité de cette décomposition, condition indispensable pour que le théorème soit démontré. Cauchy crut pouvoir le faire et une véritable course de vitesse s'engagea

pentagonaux 0, 0, 0, 5, 5, etc. Lagrange était parvenu à démontrer que tout nombre entier positif peut être décomposé en 4 nombres carrés et Gauss, grâce à sa théorie des formes trinaires, avait résolu aussi le cas où $n = 1$ (nombres triangulaires). Mais la résolution du cas général paraissait très difficile. Cauchy y parvint en ramenant le problème à la démonstration de la proposition suivante : un nombre entier peut toujours être décomposé en quatre carrés dont les racines positives font une somme égale à un nombre entier donné de même parité. Sa démonstration ne joua aucun rôle dans le développement ultérieur de la théorie des nombres et tomba rapidement dans l'oubli, mais l'annonce de la découverte rendit Cauchy célèbre dans la communauté mathématique. Les conjectures de Fer-

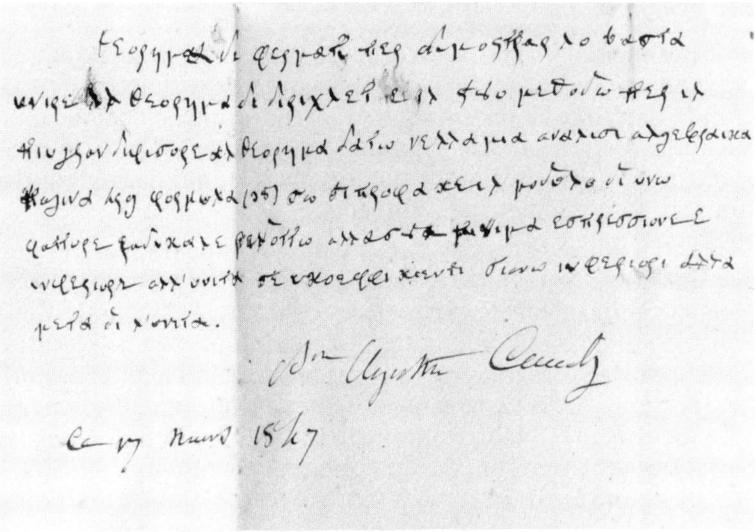

entre lui et Lamé pour terminer la démonstration. Tous deux déposèrent des plis cachetés contenant le principe de leurs démonstrations le 17 mars 1847 et les séances suivantes de l'Académie furent occupées par de nombreuses communications des deux savants. Finalement, le 17 mai, Liouville lut une lettre d'un jeune mathématicien allemand encore inconnu en France, Kummer, annonçant qu'il avait déjà démontré qu'en général cette décomposition n'était pas unique. Ainsi s'éloignait, une fois encore, l'espoir de démontrer le théorème de Fermat.
Les deux plis cachetés du 17 mars 1847 n'ont été ouverts qu'en 1980. Celui de Cauchy est très bref mais très curieux, car il est écrit en italien et en caractères grecs assez difficiles à déchiffrer. *(Belin - J.-L. Charmet)*

mat avaient suscité en effet pendant plus d'un siècle de multiples recherches. Après la démonstration du théorème sur les nombres polygonaux, il ne restait plus qu'une seule conjecture à démontrer : le « grand théorème » selon lequel l'équation $x^n + y^n = z^n$ n'est pas résoluble en nombres entiers pour $n > 2$. De nombreux mathématiciens, dont Cauchy, en cherchèrent en vain une démonstration générale[1]. Aujourd'hui encore, cette conjecture, très probablement vraie, reste à démontrer.

1. La tentative de Cauchy, fondée sur une décomposition complète de $x^n + y^n$ en n facteurs linéaires complexes premiers entre eux, date de mars et avril 1847. Voir *O.C.*, 1, X, pp. 240-255.

Les bénéfices d'une épuration

Les mémoires sur la théorie des ondes et sur les nombres polygonaux ouvraient évidemment à Cauchy l'accès à une grande carrière. Il lui suffisait d'attendre une place vacante dans une institution scientifique. Pourtant, ce sont les événements politiques, davantage que ses mérites, qui décidèrent de son sort au cours des mois suivants.

Le 18 juillet 1815, par la grâce de la défaite de Waterloo et des intrigues du régicide Fouché, Louis XVIII fit sa rentrée dans la capitale sous les vivats des royalistes. La seconde Restauration allait s'effectuer dans des conditions bien différentes de la première. Les ultras, qui occupaient maintenant le devant de la scène, ne rêvaient que de revanche, d'épuration et d'expiation après vingt-cinq ans de retraite ou d'exil. Cauchy partageait leur opinion. Voilà comment il présentait la situation dans une lettre écrite le 3 septembre 1815, quelques jours après les élections à la fameuse Chambre introuvable :

> « *Vous aurez sans doute appris qu'on avait fait ici les prières des quarante heures, en expiation des crimes commis pendant la révolution. On ne devait pas se lasser de prier. Il y a tant de maux à réparer en France. Au reste, c'est déjà une consolation de voir que les prières faites au sujet des élections ont eu bonne réussite. Car on paraît généralement content du choix des députés.* »

Pour comprendre cette attitude, il faut remonter quelques années en arrière. Cauchy avait reçu de ses parents une solide éducation religieuse. Son père, Louis-François, était d'ailleurs resté un royaliste en son for intérieur malgré son ralliement au régime de Bonaparte; toujours partisan du vainqueur du moment, il passa sans encombre les événements de 1814 et 1815 et conserva sa place à la Chambre des pairs, nouvelle dénomination du Sénat. Cauchy était quant à lui beaucoup plus entier dans ses convictions. Les années passées à l'École Polytechnique et à l'École des Ponts et Chaussées entre 1805 et 1808 avaient été, de ce point de vue, décisives.

Sous l'Empire, l'opinion dominante à l'École Polytechnique était à la contestation libérale et anticléricale. La grande majorité des élèves demeurait éloignée de toute pratique et de toute foi religieuse. Cependant la renaissance catholique, qui commençait, y faisait déjà sentir ses effets. Au cours de l'été

1805, quelques semaines avant l'entrée de Cauchy à l'École Polytechnique, un jeune élève ingénieur des Ponts et Chaussées avait été nommé répétiteur adjoint d'analyse et de mécanique en remplacement de Matthieu : il s'appelait Paul-Émile Teysseyrre et c'était un ardent catholique, membre de la Congrégation.

La Congrégation de la Sainte-Vierge avait été fondée quatre ans plus tôt, en 1801, par le père Bourdier-Delpuits, jésuite, avec l'autorisation de l'archevêque de Paris. Il s'agissait de réunir les jeunes gens de bonne famille menacés par l'incroyance ambiante dans des réunions de prière, qui se tenaient tous les quinze jours rue Saint-Guillaume. Les membres de la Congrégation se devaient entre eux entraide et charité suivant la règle de l'association, « cor unum et anima una ». Au départ, ils étaient six jeunes gens, mais leur nombre augmenta rapidement; en 1804 la réunion comptait déjà 193 membres. S'y côtoyaient de jeunes ecclésiastiques, beaucoup de jeunes aristocrates, souvent de la plus haute noblesse, et un nombre appréciable de jeunes étudiants, en droit comme Hennequin, en médecine comme Laennec ou en science comme Teysseyrre. L'objectif du père Delpuits était d'avoir des congréganistes à toutes les positions importantes de la société et de l'état, en particulier dans l'élite intellectuelle du pays.

Tout naturellement, la Congrégation entreprit d'investir l'École Polytechnique. C'était la mission de Teysseyrre, devenu répétiteur-adjoint. Aussi préoccupé de convertir les âmes que d'instruire les esprits, il rassembla autour de lui les quelques élèves catholiques de l'École. Parmi eux, il y avait le jeune Cauchy. Teysseyrre était un individu d'exception. Il convertit Jacques Binet, bientôt congréganiste et futur mathématicien et, bien qu'il ne restât qu'un an à l'École, jusqu'à son entrée au séminaire de Saint-Sulpice en novembre 1806, il marqua profondément Cauchy. Plus tard, hors de l'École, il eut une grande influence sur Lamennais. Cauchy entra dans la Congrégation quelques mois après ses débuts à l'École des Ponts et Chaussées, le 3 avril 1808.

L'association, qui étendait peu à peu son réseau, commençait à devenir suspecte aux yeux des autorités. A l'origine simple association de prière, purement religieuse, elle rassembla, par la force des choses, des jeunes gens opposés à l'Empire et d'opinion royaliste. Les difficultés grandissantes entre

Paul-Émile Teysseyrre (1785-1818), membre de la Congrégation, avait été nommé répétiteur adjoint d'analyse et de mécanique à l'École Polytechnique pendant l'été 1805. Il rassembla autour de lui les jeunes élèves catholiques parmi lesquels J. Binet et A.L. Cauchy, sur lesquels il eut une grande influence et qui adhérèrent tous deux à la Congrégation. En novembre 1806, Teysseyrre démissionna de l'École pour entrer au séminaire de Saint-Sulpice, où il fit la connaissance du jeune Lamennais. *(Belin - J.-L. Charmet)*

Napoléon et Pie VII firent basculer les congréganistes dans une opposition résolue. Les réunions de prière furent interdites. Elles recommencèrent pourtant discrètement dès 1813, et Cauchy, qui était alors de retour de Cherbourg, put de nouveau participer à ces activités presque clandestines. La Congrégation accueillit la chute de Napoléon comme un juste châtiment. Dès 1814, elle reprit ses réunions au grand jour. Mais elle prospéra surtout après la seconde Restauration sous la direction du père Legris-Duval. Beaucoup de députés de la Chambre introuvable et quelques personnages influents à la Cour en étaient membres ou la protégeaient.

Cauchy pouvait donc bénéficier d'appuis politiques puissants pour accélérer sa carrière, d'autant qu'il occupait une position élevée dans la Congrégation. Lorsque le père Legris-Duval décida en avril 1816 de créer une première « filiale », la Société des Bonnes Œuvres, il plaça Cauchy à côté de grandes figures de l'aristocratie ultra, comme Mathieu de Montmorency et Alexis de Noailles, dans la commission chargée de constituer la Société.

C'est d'abord à l'École Polytechnique que nous pouvons mesurer l'effet du nouveau cours sur la carrière scientifique de Cauchy. Lorsqu'il fallut remplacer Poisson, instituteur de mécanique nommé examinateur permanent après la retraite de Lacroix, Cauchy présenta sa candidature, mais le Conseil de Perfectionnement lui préféra Jacques Binet, désigné le 3 novembre 1815. Ce n'était que partie remise : une nouvelle occasion se présenta quelques jours plus tard, cette fois en analyse. L'enseignement de l'analyse était assuré par Ampère et par Poinsot, celui-ci remplaçant Labey depuis 1809 avec le titre de professeur adjoint. Après la seconde Restauration, le Conseil de Perfectionnement décida de mettre à la retraite les professeurs les plus âgés, souvent malades et qui n'enseignaient plus, mais qui, faute de retraite, gardaient toujours leur titre et la moitié de leur traitement d'instituteur de l'École. C'était à la fois une mesure de justice, car les jeunes enseignants, comme Poinsot, voyaient leur promotion bloquée par la présence des plus anciens et leur traitement réduit à la portion congrue, et une mesure politique, car on écartait ainsi de manière élégante des savants un peu trop compromis avec le régime précédent. Avec Monge, Guyton-Morveau, Hassenfratz et Lacroix, Labey fut touché par cette mesure et, le 3 novembre 1815, Poinsot fut nommé à sa place, toujours avec un demi-traitement, instituteur titulaire d'analyse.

Le 15 novembre, Poinsot annonça au gouverneur que sa santé ne lui permettait pas de faire des leçons à l'heure fixée par le programme et lui demanda de le faire remplacer. Déjà, en 1812-1813 et en 1813-1814, il avait été suppléé par Reynaud, répétiteur d'analyse et de mécanique. Mais Reynaud n'était qu'un médiocre professeur et, en 1814-1815, les élèves, peu satisfaits de son enseignement, envoyèrent une députation à Poinsot « pour le supplier de vouloir bien n'être plus malade » ! Bien que Poinsot proposât cette fois pour le remplacer Lefébure de Fourcy qui venait d'être nommé répétiteur d'analyse, Durivau, le directeur des études, conseilla au gouverneur de choisir Cauchy pour commencer, dès le lendemain, le cours d'analyse. Voilà, expliquait-il, « un moyen qui se présente tout naturellement d'attirer à l'École, dès à présent, ce sujet de la plus haute distinction. Car je ne doute pas qu'il accepte avec plaisir de remplacer même provisoirement un *Professeur* ». Le gouverneur annonça donc le 2 décembre au Conseil de Perfectionnement qu'il avait choisi Cauchy pour faire toute l'année le cours d'analyse de première division en remplacement de Poinsot. Le traitement n'était que de 1500 F, tout juste celui d'un répétiteur, et un quart de celui d'un instituteur titulaire, mais Cauchy avait l'espoir d'obtenir bientôt la place, car, sur proposition du gouverneur et au grand dépit de l'intéressé, le Conseil de perfectionnement avait décidé, le même jour, de suspendre la promotion de Poinsot comme instituteur titulaire d'analyse.

Cauchy était ainsi nommé professeur par décision discrétionnaire du gouverneur et non après une délibération et un vote du Conseil de Perfectionnement ou, du moins, du Conseil d'Instruction, et ceci sans avoir jamais été répétiteur, étape normale du cursus à l'École, sans même avoir une expérience quelconque de l'enseignement ! Ses travaux remarquables déjà présentés à l'Institut et, surtout l'annonce, le 13 novembre, deux jours avant sa nomination, de sa démonstration du théorème de Fermat sur les nombres polygonaux justifiaient pleinement une telle exception aux règles de la maison et lui assuraient l'appui des mathématiciens les plus éminents. Pourtant, s'il bénéficiait du soutien de Laplace, maintenant pair de France rallié à la monarchie, qui exerçait une grande influence à l'École, il profitait aussi de l'épuration politique entreprise par le nouveau régime. Sans en être la cause, ses convictions et ses amitiés politiques facilitèrent sa soudaine nomination.

L'intervention du politique fut bien plus évidente à l'Académie. Cauchy s'était déjà présenté trois fois à l'Institut, en 1813, en 1814 et en 1815, et trois fois il avait subi un échec. Dès la première Restauration le ministère de l'Intérieur avait préparé une réforme de l'Institut impérial. Il s'agissait de reconstruire sur un nouveau pied les anciennes Académies. Des grands changements devaient avoir lieu dans le personnel. L'ordonnance était prête mais les Cent-Jours empêchèrent sa promulgation. Un nouveau projet fut préparé au cours de l'automne 1815, qui prévoyait des élections académiques pour remplacer les membres exclus. Finalement, l'ordonnance royale du 21 mars 1816 réorganisant l'Institut et rétablissant l'Académie des Sciences sous son nom d'autrefois, nomma d'office de nouveaux membres en lieu et place des noms radiés. L'épuration toucha plusieurs membres de la Première classe; Carnot et Monge furent exclus de la section de mécanique à cause de leur passé révolutionnaire et Cauchy et Bréguet nommés par le Roi à leurs places.

Ces épurations odieuses furent très mal accueillies à l'Académie et dans le monde savant en général. Carnot et surtout Monge étaient des savants respectés. Mais Cauchy accepta, sans hésiter, sa nomination. On jugea sévèrement son attitude. Dans les couloirs et les salons circulaient, écrit le mathématicien Bertrand, « les invectives et les calomnies, acceptées, de bonne foi sans doute, par des savants dignes de respect et des personnages alors importants ». Cette nomination imposée à l'Académie pour des raisons politiques causa un tort considérable au jeune savant, qui se créa alors beaucoup d'ennemis : « Cauchy, écrit toujours Bertrand, trouvait peu de défenseurs, il vit plus d'un ami, indulgent par nature, se détourner par faiblesse et lui refuser le titre de confrère. » Le temps passant et confirmant toujours davantage ses mérites, les critiques s'apaisèrent, mais Cauchy garda longtemps de cette triste affaire une réputation d'arriviste sans scrupules.

Quelques jours après cette nomination exceptionnelle à l'Académie, la première année d'enseignement de Cauchy à l'École Polytechnique s'acheva prématurément avec le licenciement des élèves. Les royalistes considéraient avec méfiance les polytechniciens qui avaient fait preuve d'un incontestable esprit libéral et bonapartiste pendant les Cent-Jours et qui, depuis, multipliaient les actes d'indiscipline. Un incident intérieur vint mettre le comble à leur colère : Lefebure de Fourcy, le concurrent malheureux de Cauchy en novembre 1815, royaliste convaincu, fut victime d'un chahut de la part des élèves de seconde division. Les élèves de première division prirent parti pour leurs camarades, et parmi eux Auguste Comte, qui tint tête avec insolence à ce répétiteur. Le 12 avril 1815, l'ensemble des élèves manifesta contre l'administration qui avait sanctionné Comte pour son attitude. Les autorités saisirent le prétexte de ces incidents pour s'attaquer à l'esprit républicain et antireligieux de l'École : le 13, les élèves étaient licenciés ; le 14, une ordonnance royale les renvoyait auprès de leurs familles ; le personnel enseignant était mis en demi-traitement jusqu'à nouvel ordre et une commission de cinq membres présidée par Laplace était nommée pour préparer une réorganisation de l'École.

Le 4 septembre 1816 paraissait une nouvelle ordonnance qui modifiait profondément les règlements de l'École. La principale mesure était la démilitarisation de son régime intérieur. Mais cette réorganisation fut aussi prétexte à changer un certain nombre de professeurs. On achevait l'épuration commencée dès novembre 1815. Une campagne menée par les ultras et à laquelle participa Lamennais fit pression en ce sens sur la commission : le résultat le plus évident fut la destitution du professeur de belles-lettres de l'École, Andrieux ; ces pressions ne furent sans doute pas étrangères à la nomination de Cauchy au poste de professeur titulaire d'analyse et de mécanique ; on écartait ainsi le libéral Poinsot au profit du royaliste Cauchy, déjà récompensé en 1816 par une nomination politique à l'Académie des Sciences.

Il existait cependant des raisons étrangères à la politique pour justifier une pareille nomination. Nous avons vu que Poinsot n'assurait plus ses cours depuis 1812 ; or, la commission avait décidé de réunir en un même enseignement l'analyse et la mécanique : le travail était donc plus considérable pour les deux professeurs titulaires chargés de ces matières ; il fallait des enseignants tout à fait disponibles, ce qui n'était pas le cas de Poinsot. En portant son choix sur Ampère et sur Cauchy, la commission nommait deux savants d'une valeur incontestable (même s'ils devaient s'avérer d'assez médiocres pédagogues), qui assurèrent régulièrement leurs cours pendant toute la durée de leur enseignement à l'École. Les situations des deux professeurs étaient cependant assez différentes : Ampère était professeur titulaire d'analyse depuis 1809, année où il avait remplacé Lacroix, Cauchy n'avait enseigné qu'une année l'analyse comme professeur-remplaçant. Cauchy bénéficia donc pour cette nomination de la bienveillance particulière des autorités.

THÈME 2

Le calcul des substitutions

Cauchy a travaillé sur le calcul des substitutions pendant deux brèves périodes : à ses débuts, en 1812, et en 1845-1846. Le double mémoire *Sur les fonctions symétriques* présenté le 30 novembre 1812 à l'Institut a été publié sous forme de deux articles dans le *Journal de l'École Polytechnique* en 1815[1]. Les recherches de 1845-1846, publiées dans les *Comptes rendus*[2] ont été rassemblées, entièrement refondues, dans un long article des *Exercices d'analyse et de physique mathématique*[3] paru vers la même époque.

Une substitution (aujourd'hui on dit plutôt une permutation) est une application bijective d'un ensemble fini dans lui-même. Si l'on range les n éléments d'un ensemble E_n dans un certain ordre $(x_1, x_2, ..., x_n)$, on définit un arrangement de ces éléments (en 1812, Cauchy emploie le terme de permutation pour désigner un arrangement, d'où un risque de confusion). Une substitution définie sur E_n change l'ordre des éléments et transforme ainsi l'arrangement $(x_1, x_2, ..., x_n)$ en un nouvel arrangement, par exemple $(x_5, x_3, ..., x_1)$. Comme il existe $1 \times 2 \times ... \times n = n!$ manières différentes d'arranger les éléments de E_n, l'ensemble des substitutions définies sur E_n est un ensemble à $n!$ éléments, noté aujourd'hui S_n.

Le double mémoire de 1812

C'est un mémoire fondamental pour l'histoire non seulement du calcul des substitutions mais encore de la théorie des groupes.

1. *O.C.*, 2, I, pp. 64-169.
2. *O.C.*, 1, IX, pp. 277-505 et X, pp. 5-68.
3. *O.C.*, 2, XIII, pp. 171-282.

Les mathématiciens de la fin du XVIIIe siècle avaient commencé à étudier les substitutions dans le cadre de la théorie des équations. En 1770, Lagrange avait repris à la base la problématique de la résolution par radicaux d'une équation algébrique de degré quelconque. On connaissait depuis longtemps des formules de résolution par radicaux pour les équations de degré $\leqslant 4$ mais on ne parvenait pas à obtenir des formules du même genre pour les équations générales d'un degré supérieur. Lagrange eut l'idée, plutôt que de rechercher directement les n racines $x_1, x_2, \ldots, x_n$ d'une équation de degré n, d'étudier les fonctions quelconques de ces racines $f(x_1, x_2, \ldots, x_n)$. Si l'on change l'ordre des racines $x_1, x_2, \ldots, x_n$, dans une fonction donnée f, c'est-à-dire si on les permute, on obtient en général $n!$ valeurs différentes de f. Mais il peut arriver que le nombre de ses valeurs soit inférieur. Lagrange démontra que ce nombre doit être alors un diviseur de $n!$ et il parvint à expliquer l'existence de formules de résolution des équations générales de degré 3 et 4 par celle de fonctions des racines ne prenant respectivement que 2 et 3 valeurs différentes. Ruffini, un mathématicien italien, établit en 1799 qu'une fonction de 5 quantités ayant moins de 5 valeurs distinctes en a au plus 2 et que, par conséquent, les méthodes utilisées par Lagrange pour retrouver les formules de résolution des équations de degré 3 et 4 n'étaient pas applicables au cas d'une équation de degré 5. C'est Abel qui, finalement, démontra en 1826 l'impossibilité de la résolution par radicaux de l'équation générale du 5e degré.

Curieusement, en 1812, Cauchy ne s'intéressait pas au problème de la résolubilité des équations par radicaux dans le cadre duquel les mathématiciens avaient jusqu'ici considéré les substitutions. Lorsqu'il commença à Cherbourg les recherches qui aboutirent au double mémoire de 1812, il travaillait sur la théorie des nombres et en particulier à la démonstration du théorème de Fermat sur les nombres polygonaux. Il étudia avec beaucoup d'attention les *Disquisitiones arithmeticae*, œuvre admirable publiée en latin par Gauss en 1801 et traduite en français dès 1807, qui renouvelait complètement la théorie des nombres. Cauchy assimila les méthodes utilisées par Gauss et, intéressé surtout par la théorie des formes qui n'était pas sans rapport avec le théorème de Fermat sur les nombres polygonaux, il s'efforça d'en améliorer et d'en généraliser certains résultats, en particulier ceux concernant les déterminants.

Conduit ainsi, par des recherches sur les nombres, à s'occuper de la « théorie des combinaisons », déclarait-il dans son premier article, il était arrivé par là à la démonstration d'un théorème plus général que ceux obtenus par Lagrange et par Ruffini sur le nombre de valeurs d'une fonction de *n* quantités données : le nombre de valeurs différentes d'une fonction de *n* quantités, appelé par Cauchy indice de la fonction, ne peut s'abaisser au-dessous du plus grand nombre premier *p* contenu dans *n* sans devenir $\leqslant 2$. Puisque 5 est premier, une fonction de 5 quantités ayant moins de 5 valeurs distinctes ne peut donc prendre qu'une ou deux valeurs, comme l'avait déjà démontré Ruffini. La démonstration de Cauchy était fondée sur le calcul des substitutions qu'il créa de toutes pièces à cette occasion. Si Lagrange et Ruffini étudiaient les valeurs prises par une fonction de *n* quantités suivant les différents arrangements possibles, ils ne considéraient pas en tant que tels les passages d'un arrangement à un autre, c'est-à-dire les substitutions. Cauchy, au contraire, prit le premier pour objets d'étude les substitutions elles-mêmes définies sur *n* quantités données.

Étant donné, par exemple, 3 lettres a, b, c, $A_1 = (\mathrm{a\ b\ c})$ et $A_2 = (\mathrm{b\ a\ c})$ sont deux arrangements différents de ces 3 lettres. Cauchy notait $\begin{pmatrix} \mathrm{a\ b\ c} \\ \mathrm{b\ a\ c} \end{pmatrix}$ ou $\begin{pmatrix} A_1 \\ A_2 \end{pmatrix}$ la substitution faisant passer de l'arrangement A_1 à l'arrangement A_2. Considérons maintenant $A_3 = (\mathrm{c\ a\ b})$. En appliquant successivement à A_1 la substitution $\begin{pmatrix} A_1 \\ A_2 \end{pmatrix}$ et à A_2 la substitution $\begin{pmatrix} A_2 \\ A_3 \end{pmatrix}$, on passe de l'arrangement A_1 à l'arrangement A_3. Cauchy définissait ainsi la substitution $\begin{pmatrix} A_1 \\ A_3 \end{pmatrix} = \begin{pmatrix} \mathrm{a\ b\ c} \\ \mathrm{c\ a\ b} \end{pmatrix}$ comme le produit de la substitution $\begin{pmatrix} A_1 \\ A_2 \end{pmatrix}$ par la substitution $\begin{pmatrix} A_2 \\ A_3 \end{pmatrix}$. Ce produit est évidemment la restriction aux substitutions de la composition des applications. Enfin, il notait $\begin{pmatrix} A_r \\ A_s \end{pmatrix}^n$ le produit *n* fois itéré de $\begin{pmatrix} A_r \\ A_s \end{pmatrix}$ par lui-même. Cauchy créait donc, avec ce produit, un calcul sur des objets autres que des nombres. Seul Gauss, avant lui, avait eu cette audace ; dans ses *Disquisitiones arithmeticae*, il avait inventé une opération entre des classes d'équivalence de formes. Cauchy, lecteur attentif de Gauss, s'en inspira sans doute pour inventer son calcul des substitutions.

En dotant d'un produit l'ensemble S_n des substitutions sur l'ensemble E_n de n quantités données, Cauchy lui donnait une structure de groupe. S_n est appelé aujourd'hui le groupe symétrique de E_n. Bien sûr, le concept de groupe n'existait pas à l'époque. Le terme fut utilisé d'abord par Galois et la notion définie de façon précise dans le cadre de la théorie des ensembles à la fin du XIXe siècle. Mais, si Cauchy négligeait de démontrer l'associativité de son produit, il explicitait les autres propriétés caractérisant un groupe : existence d'un élément neutre, à savoir la substitution identique $I = \begin{pmatrix} A_r \\ A_r \end{pmatrix}$ et, pour chaque substitution $\begin{pmatrix} A_r \\ A_s \end{pmatrix}$ d'une substitution inverse $\begin{pmatrix} A_s \\ A_r \end{pmatrix}$ telle que $\begin{pmatrix} A_r \\ A_s \end{pmatrix}\begin{pmatrix} A_s \\ A_r \end{pmatrix} = \begin{pmatrix} A_s \\ A_r \end{pmatrix}\begin{pmatrix} A_r \\ A_s \end{pmatrix} = I$. Il remarquait d'autre part qu'il existe toujours un plus petit entier m, appelé par lui degré et, depuis Abel, ordre de la substitution $\begin{pmatrix} A_r \\ A_s \end{pmatrix}$, tel que $\begin{pmatrix} A_r \\ A_s \end{pmatrix}^m = I$.

La non-commutativité du produit $[\begin{pmatrix} A_p \\ A_q \end{pmatrix}\begin{pmatrix} A_r \\ A_s \end{pmatrix} \neq \begin{pmatrix} A_r \\ A_s \end{pmatrix}\begin{pmatrix} A_p \\ A_q \end{pmatrix}$ en général] explique le rôle du calcul des substitutions dans la genèse de la théorie des groupes. Les groupes finis étudiés avant Cauchy, groupes des classes d'entiers modulo n, groupes des racines n-ième de l'unité, groupes des classes de formes équivalentes, que l'on rencontre dans les *Disquisitiones arithmeticae*, sont en effet tous commutatifs et, de ce fait, assez simples. Gauss put aller très loin dans leur description sans faire apparaître leur similitude de structure. Pour décrire les groupes finis S_n, beaucoup plus complexes car non commutatifs, il fallait mettre en évidence de manière plus systématique leurs propriétés structurelles, travail commencé par Cauchy dans la démonstration de son théorème; il y introduisait en effet des notions et des méthodes qui allaient s'avérer essentielles en théorie des groupes.

Généralisant des raisonnements utilisés par Ruffini (en

termes de valeurs d'une fonction de 5 quantités) dans le cas particulier de S_5, il disposait sur un cercle les p arrangements différents obtenus en faisant agir p fois une substitution quelconque $\begin{pmatrix} A_r \\ A_s \end{pmatrix}$ d'ordre p sur un arrangement donné A_1. Ces p arrangements forment alors ce que Cauchy appelait la période résultant de l'application de $\begin{pmatrix} A_r \\ A_s \end{pmatrix}$ sur A_1. Si $m < p$, la période résultant de l'application de $\begin{pmatrix} A_r \\ A_s \end{pmatrix}^m$ sur A_1 est comprise dans la période précédente. Si p est premier, l'ordre de $\begin{pmatrix} A_r \\ A_s \end{pmatrix}^m$ est égal à l'ordre de $\begin{pmatrix} A_r \\ A_s \end{pmatrix}$ et les deux périodes correspondantes sont identiques. En considérant la substitution $\begin{pmatrix} A_1 \\ A_i \end{pmatrix}$ sous-jacente à chaque arrangement A_1, on peut dire que Cauchy étudiait ainsi la structure du sous-groupe cyclique d'ordre p engendré par $\begin{pmatrix} A_r \\ A_s \end{pmatrix}$.

Il faisait agir ensuite $\begin{pmatrix} A_r \\ A_s \end{pmatrix}$ sur les $n!$ arrangements que l'on peut former avec n quantités données. Il obtenait ainsi $n!/p$ périodes, chacune composée de p arrangements différents, ce qui revient, dans le langage de la théorie des groupes, à partager S_n en $n!/p$ classes d'équivalence suivant le sous-groupe cyclique d'ordre p engendré par $\begin{pmatrix} A_r \\ A_s \end{pmatrix}$ (fig. 8). Cette partition en classes disjointes d'un groupe selon un de ses sous-groupes est une méthode simple mais très puissante, déjà utilisée par Gauss dans ses *Disquisitiones arithmeticae*, et par Cauchy lui-même, au début de son mémoire, pour redémontrer le théorème de Lagrange.

Pour démontrer son théorème, Cauchy considérait une fonction f de n quantités prenant m valeurs différentes ($m \geqslant 2$). Chacune des périodes résultant de l'action d'une substitution d'ordre p, premier et plus grand que m, entre ces n quantités comprend p arrangements distincts, et contient donc, puisque $p > m$, au moins deux arrangements, pour lesquels f prend la même valeur. La substitution faisant passer de l'un à l'autre laisse f constante et, puisque p est premier, engendre les mêmes périodes. On en conclut que f est invariante par toute substitution d'ordre p.

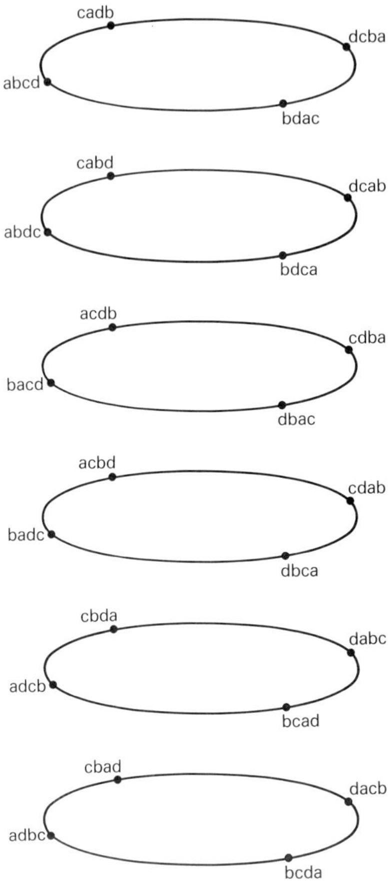

Fig. 8 - Les 6 périodes résultant de l'application d'un 4-cycle sur les arrangements de 4 lettres. On classe les 24 arrangements que l'on peut former avec 4 lettres, a, b, c et d, dans les 6 périodes disjointes résultant de l'application du 4-cycle (a, c, d, b). En termes modernes, cela correspond à la partition en classes disjointes de S_4 suivant le sous-groupe cyclique engendré par (a, c, d, b).

Les deux dernières étapes de la démonstration utilisaient les propriétés des substitutions circulaires. Une substitution circulaire d'ordre p, ou p-cycle, appliquée à un arrangement de n quantités, fait tourner p quantités et laisse à la même place les

$n - p$ quantités restantes (fig. 9). Par exemple $\begin{pmatrix} a\,b\,c\,d\,e \\ b\,d\,c\,a\,e \end{pmatrix}$ et $\begin{pmatrix} a\,b\,c\,d\,e \\ a\,d\,c\,e\,b \end{pmatrix}$ sont deux 3-cycles que l'on peut écrire respectivement $\begin{pmatrix} a\,b\,d \\ b\,d\,a \end{pmatrix}$ et $\begin{pmatrix} b\,d\,e \\ d\,e\,b \end{pmatrix}$. Un 2-cycle, ou transposition, permute entre elles 2 quantités seulement d'un arrangement de n quantités. Par exemple, $\begin{pmatrix} a\,b\,c\,d\,e \\ a\,d\,c\,b\,e \end{pmatrix}$ est une transposition que Cauchy notait simplement (b, d). Cauchy présentait, surtout dans son deuxième article consacré à la théorie des déterminants, plusieurs résultats classiques concernant les substitutions circulaires : toute substitution peut s'écrire, d'une part, comme un produit de substitutions circulaires disjointes [$\begin{pmatrix} a\,b\,c\,d\,e \\ b\,d\,e\,a\,c \end{pmatrix}$ est égale, par exemple, au produit du 3-cycle $\begin{pmatrix} a\,b\,d \\ b\,d\,a \end{pmatrix}$ par la transposition (e, c)] et, d'autre part, comme un produit de transpositions [$\begin{pmatrix} a\,b\,c\,d\,e \\ b\,d\,e\,a\,c \end{pmatrix}$ est aussi égale à (a, b) suivie de (a, d) et de (e, c)]. Il mettait en évidence le sous-groupe alterné A_n de S_n des substitutions paires, c'est-à-dire composées d'un nombre pair de transpositions. A_n est engendré par l'ensemble des 3-cycles de S_n. Cauchy démontrait alors que f est invariante par tout 3-cycle (car un 3-cycle peut toujours s'écrire, quel que soit $p \geqslant 2$, comme un produit de

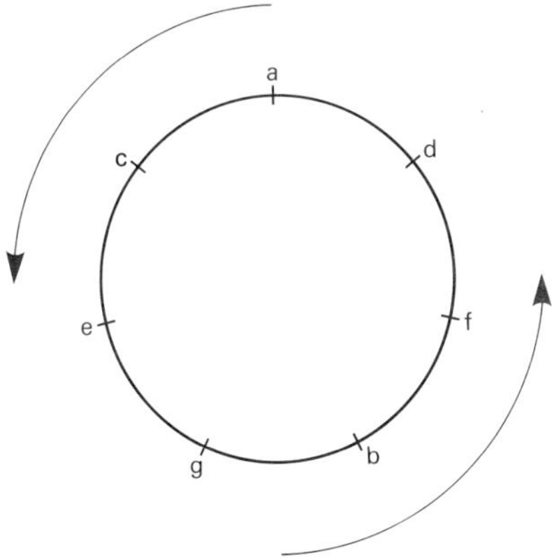

Fig. 9 - Représentation d'une substitution circulaire d'ordre 7 ou 7-cycle. Cette substitution s'écrit, avec la notation du mémoire de 1812, $\begin{pmatrix} a\;b\;c\;d\;e\;f\;g \\ c\;f\;e\;a\;g\;d\;b \end{pmatrix}$

Elle s'écrit simplement (a, c, e, g, b, f, d) avec la notation en ligne adoptée par Cauchy en 1845.

deux substitutions d'ordre *p*) et donc, compte tenu que toute substitution paire est un produit de 3-cycles, que f prend seulement deux valeurs. Par conséquent, une fonction de *n* quantités d'indice *p*, avec *p* premier inférieur à *n*, prend au plus deux valeurs différentes, ce qu'il fallait démontrer.

Les travaux de 1845-1846

Les mathématiciens ne reconnurent pas immédiatement l'importance du double mémoire de 1812. Poisson, par exemple, notait, dans son rapport à l'Académie, que les questions traitées dans ce mémoire étaient sans doute d'un intérêt moindre que la théorie des polyèdres étudiée précédemment. Mais deux très grands mathématiciens tirèrent profit, un peu plus tard, des résultats obtenus par Cauchy : Abel, pour démontrer l'irrésolubilité de l'équation générale du 5e degré en 1826, et surtout Galois dans ses recherches sur la résolubilité des équations.

Cauchy connaissait Galois, un jeune étudiant de dix-sept ans qui préparait au collège Louis-le-Grand le concours d'entrée à l'École Polytechnique et dont il accepta de présenter à l'Académie deux mémoires sur la théorie des équations au printemps 1829. Mais, nommé rapporteur, il ne présenta pas le rapport, annoncé en janvier 1830, pour des raisons qui nous échappent, et les deux mémoires s'égarèrent, à la fureur de Galois. Cependant Galois poursuivit ses recherches et, après le départ de Cauchy à l'étranger, il présenta à l'Académie en janvier 1831 un mémoire *Sur les conditions de résolubilité des équations par radicaux*, très dense et souvent obscur, dans lequel il appliquait systématiquement la théorie des « groupes de permutations » (l'expression est de Galois), créée par Cauchy en 1812, au problème de la résolubilité des équations algébriques. A la suite d'un rapport sévère de Poisson, qui jugeait le mémoire incompréhensible, l'Académie refusa de l'approuver. Galois, sûr de son génie, ne se découragea pas et prépara un nouveau mémoire dont il ne nous reste qu'un fragment intitulé *Des équations primitives qui sont solubles par radicaux*. Il travailla, malgré une vie agitée, jusqu'à sa mort prématurée, le 30 mai 1832 et, par une lettre écrite la veille de sa mort, confia tous ses manuscrits à son ami Auguste Chevalier qui les remit plus tard au mathématicien Joseph Liouville.

Bien qu'il eût du mal à comprendre les raisonnements de Galois, généralement très elliptiques, Liouville en saisit toute l'importance et le 4 septembre 1843, cinq ans après le retour de Cauchy, il annonça, à l'occasion d'une polémique avec Libri, son intention de publier dans son *Journal* le mémoire inédit. Mais il se heurtait à de grandes difficultés pour rédiger le commentaire qu'il comptait ajouter au mémoire, et il en retarda la publication. Le mémoire de Galois ne parut finalement qu'en 1846, sans commentaire. C'est entre-temps, du 15 septembre 1845 au 11 avril 1846, que Cauchy présenta à l'Académie ses nouvelles recherches sur le nombre de valeurs d'une fonction de n quantités. Le *Mémoire sur les arrangements*, publié dans les livraisons de décembre 1845 et de mars et avril 1846 des *Exercices,* reprenait la plupart des résultats contenus dans les notes aux *Comptes rendus* mais exprimés dans le langage abstrait du calcul des substitutions.

Il est tentant d'expliquer le retour de Cauchy, après trente-quatre ans, à ce type de problème, par l'annonce faite par Liouville en 1843 de la publication des manuscrits de Galois. Ce serait ainsi rapprocher de manière éclatante les deux œuvres à l'origine du développement de la théorie des groupes. Mais la relative coïncidence chronologique ne permet pas, semble-t-il, d'affirmer qu'il existe une influence directe de Galois sur les recherches de Cauchy. D'une part, en effet, celui-ci ne citait à aucun moment Galois alors qu'il ne manquait jamais, contrairement à une légende tenace, de citer les mathématiciens qui l'inspiraient. D'autre part le point de vue de Cauchy était très différent de celui de Galois : celui-ci énonçait des résultats importants de la théorie des groupes dans le cadre de sa théorie des équations ; Cauchy, lui, ne s'intéressa à aucun moment au problème de la résolubilité des équations algébriques. Ses notes aux *Comptes rendus* furent rédigées en fait à l'occasion de l'examen d'un mémoire de J. Bertrand, *Sur le nombre de valeurs que peut prendre une fonction quand on permute les lettres qu'elle renferme,* présenté à l'Académie le 17 mars 1845, pour lequel Cauchy avait été nommé rapporteur. Bertrand, allant plus loin que Cauchy en 1812, démontrait, en admettant un postulat d'arithmétique, que toute fonction de n quantités ayant plus de deux valeurs distinctes en admet au moins n (pour $n \geqslant 5$). Dans ses notes, Cauchy redémontrait complètement ce théorème sans utiliser le postulat de Bertrand. Celui-ci avait probablement choisi le sujet de son mémoire après avoir assisté à des leçons privées données par Liouville sur la théorie de Galois. Il existerait donc seulement un lien indirect, par l'intermédiaire de Bertrand, entre la publication des papiers de Galois et les travaux de Cauchy sur les substitutions.

Le *Mémoire sur les arrangements* allait nettement plus loin, dans l'étude du calcul des substitutions, que le double mémoire de 1812. Cauchy notait maintenant une substitution par une seule lettre, son inverse par la même lettre à la puissance -1, et la substitution identique par 1. Autre progrès important dans la notation, il écrivait les substitutions circulaires sur une ligne, par exemple la substitution circulaire $\begin{pmatrix} a\,b\,c\,d\,e \\ e\,a\,b\,c\,d \end{pmatrix}$ sous la forme (a, e, d, c, b). Cauchy abordait des notions importantes de théorie des groupes, comme celles de conjugaison, de normalité, de permutabilité, etc. Avec les « systèmes de substitutions conjuguées », formés de substitutions 1, P, Q, etc., et de leurs « dérivées » PQ, P^2Q, PQ^2, etc., il approchait la notion de sous-groupe de S_n, bien qu'il négligeât de considérer les substitutions inverses. Enfin, il démontrait un théorème important, appelé aujourd'hui théorème de Cauchy : si m est l'ordre d'un système de substitutions conjuguées, défini dans S_n, et p un nombre premier divisant m, l'une des substitutions du système est d'ordre p.

Les résultats obtenus par Cauchy en 1845-1846, systématisés et généralisés, servirent à Jordan pour éclaircir, dans sa thèse parue en 1860, les points restés obscurs dans la théorie de Galois. Les œuvres des deux mathématiciens se trouvaient ainsi définitivement réunies dans le cadre général de la théorie des groupes de substitutions dont Jordan donne le premier exposé systématique dans son *Traité des substitutions et des équations algébriques*.

CHAPITRE III

Consécration

Cauchy était dorénavant un savant reconnu, membre de l'Académie des sciences et professeur titulaire d'analyse et de mécanique à l'École Polytechnique. Célibataire, il vivait encore chez ses parents, au Palais du Luxembourg, où il était installé depuis son retour de Cherbourg à la fin de l'année 1812. Louis-François voulait marier ce fils aîné, maintenant bien installé dans la carrière. Il porta son choix sur Aloïse de Bure, une jeune fille de vingt-trois ans, dont la famille, de vieille bourgeoisie parisienne, était établie dans la librairie depuis le XVIIe siècle et alliée à de nombreux éditeurs, en particulier aux Didot et aux Saugrain. Les deux frères de Bure, Marie-Jacques et Jean-Jacques, célèbres collectionneurs de livres et d'estampes, avaient succédé en 1813 à leur père Guillaume dans le commerce et dans les fonctions de libraires de la bibliothèque du Roi, où ils rédigèrent de nombreux catalogues jusqu'en 1838.

Le mariage fut célébré en grande pompe à Saint-Sulpice le 4 avril 1818. Aloïse apportait, outre un trousseau estimé à 5 000 F, une dot constituée d'une rente perpétuelle de 1 300 F inscrite au Grand Livre des 5 % consolidés, une autre rente de 1 000 F annuelle et perpétuelle en espèces métalliques, versée par les parents, 2 500 F en argent et 10 actions de la Banque de France, à quoi s'ajoutait une donation de 3 000 F faite par son oncle Jean-Jacques de Bure. L'apport d'Augustin-Louis était plus modeste. En avance d'hoirie, ses parents lui donnaient 15 000 F. Lui-même apportait 900 F d'inscriptions sur le Grand Livre de la dette publique perpétuelle, 4 000 F en deniers comptant, et son trousseau, comprenant des instruments de science et estimé à 3 000 F. Le tout provenait de ses gains et épargnes, ce qui confirme, s'il en était besoin, qu'on ne faisait pas alors fortune en pratiquant les mathématiques.

Le mariage s'annonçait sous les meilleurs auspices. Louis XVIII et toute la famille royale prouvèrent l'intérêt qu'ils portaient au savant en signant le contrat de mariage. De nombreux pairs de France assistèrent à la cérémonie, le marquis de Sémonville, le vicomte de Dambray, le marquis de Laplace etc., parmi lesquels des congréganistes comme Polignac. Il y avait aussi des libraires comme Firmin-Didot, le directeur de l'École Polytechnique, des mathématiciens, outre Laplace, déjà cité, Reynaud, Dinet et Binet, plusieurs ecclésiastiques enfin, entre autres Teysseyrre, Genoude, Desjardins et Legris-Duval. On publia à l'occasion du mariage une petite plaquette qui s'ouvrait par une adresse d'Augustin-Louis à la duchesse d'Angoulême pour la prier d'être avec son époux témoin de son mariage, et où se trouvaient rassemblés quelques chansons de Louis-François et d'Alexandre Cauchy en l'honneur des jeunes mariés, des vers de Pierre Didot et de Charles Magnin et un poème d'Augustin-Louis à sa fiancée qui reste l'unique témoignage de ses sentiments à l'égard d'Aloïse :

Si jamais il fut dans ma vie
Un doux moment, un heureux jour,
C'est bien celui, ma douce Amie,
Où tu m'accordes ton amour.

Dieu vient de consacrer lui-même
L'hymen qui comble tous mes vœux.
Sa douce loi veut que je t'aime,
Ah ! C'est m'ordonner d'être heureux.

. . . .

Je t'aimerai, ma tendre amie,
Jusques au dernier de mes jours ;
Et puisqu'il est une autre vie
Ton Louis t'aimera toujours.

Les jeunes époux s'installèrent au Quartier Latin, dans l'hôtel particulier du 7 de la rue Serpente, auprès des deux frères de Bure. Après 1822, ils prirent l'habitude de venir à Sceaux passer la belle saison dans la maison Trudon, une propriété tranquille et ombragée achetée par Marguerite de Bure, la grand-mère d'Aloïse. En 1819 naquit leur première fille, Alicia et en 1823 Mathilde, leur seconde et dernière fille.

La maison Trudon à Sceaux. Cette propriété, achetée en 1822 par la grand-mère d'Aloïse, la femme de Cauchy, servait de maison de campagne aux de Bure. Cauchy y passait régulièrement la belle saison, avec sa femme et ses deux filles, et il y rédigea nombre de ses mémoires. C'est là qu'il s'éteignit, le 23 mai 1857. On voit sur la photographie le porche d'entrée avec, au fond, la maison d'habitation. Aujourd'hui, le lycée Marie-Curie de Sceaux s'élève dans le parc de la propriété, vendue par le gendre de Cauchy, Félix de l'Escalopier. *(Belin - F. Walch)*

L'enseignement à Polytechnique

La préparation de ses leçons à Polytechnique fut pour Cauchy une tâche extrêmement lourde, surtout pendant les premières années de son enseignement. Il s'y consacra presque tout entier jusqu'en 1821. Bien que son cours devînt rapidement le modèle dont s'inspirèrent tous les auteurs de traités d'analyse au XIXe siècle, il connut bien des déboires dans son enseignement.

L'École Polytechnique, fermée en mai 1816, fut rouverte le 17 janvier 1817 en présence du duc d'Angoulême. D'un commun accord avec Ampère, Cauchy assura l'enseignement en deuxième division, c'est-à-dire aux élèves nouvellement entrés dans l'École. Les deux professeurs enseignèrent par la suite alternativement en deuxième et en première division, suivant les élèves d'une même promotion. Cauchy choisit Coriolis, un ingénieur des Ponts et Chaussées, comme répétiteur.

Le premier témoignage dont nous disposons sur son cours est daté de mars 1819. Le professeur d'analyse appliquée à la géométrie, Arago, se plaignit de la faiblesse de certains élèves de deuxième division au Conseil d'Instruction, conseil où se réunissaient enseignants et administrateurs de l'École pour discuter du contenu pédagogique des cours. Il regrettait en particulier que les leçons sur l'application du calcul différentiel à la géométrie n'aient pas encore été données. Cauchy convint de ce retard, causé, selon lui, par l'abondance des matières à traiter et proposa d'empiéter sur les leçons de statique pour terminer le cours d'analyse, comme cela avait été fait les années précédentes. Mais ni ses explications ni le soutien de l'inspecteur des études, Jacques Binet, ne désarmèrent les critiques. Bien au contraire, c'est la façon même dont il faisait son cours qui était maintenant mise en cause. Confirmant les propos d'Arago, le professeur de physique Petit s'inquiéta du retard pris aussi dans l'enseignement du calcul différentiel et de l'ignorance dans laquelle étaient laissés les élèves de la méthode des infiniment petits. Finalement, le directeur de l'École lui-même, se faisant l'écho des critiques émises au dehors, mit en garde Cauchy :

« L'enseignement des mathématiques pures, aux dires de beaucoup de personnes en état d'émettre une semblable opinion, est poussé trop loin dans l'École, et ce luxe dans cette

Jacques Binet (1786-1856). Bon mathématicien, Jacques Binet était aussi un ami de jeunesse de Cauchy. Élève de l'École Polytechnique dans la promotion immédiatement antérieure, il faisait partie, lui aussi, du petit groupe réuni autour de Teysseyrre. Les deux mathématiciens commencèrent en même temps leur carrière scientifique, obtenant indépendamment, en 1812, des résultats identiques sur les déterminants. Binet était, comme Cauchy, membre de la Congrégation. Il devint, pendant la Restauration, Inspecteur des Études à l'École Polytechnique et, à ce titre, il critiqua à plusieurs reprises l'enseignement donné par Cauchy. Entré à l'Académie en 1843, il collabora très fréquemment avec celui-ci dans les commissions. Sa mort, en 1856, précéda d'un an celle de Cauchy, qui fut très affecté par la perte de son ami. *(Belin - J.-L. Charmet)*

partie non applicable à la Science tourne au préjudice des autres branches. »

Aussi lui demanda-t-il de s'en tenir strictement au programme officiel et de respecter les interrogations orales à la fin des cours qui permettaient aux élèves de s'exercer aux applications numériques.

Ce premier incident illustre les difficultés que rencontrait Cauchy dans son cours. La création de l'École Polytechnique avait renouvelé complètement le vieux problème théorique et pratique des rapports entre les mathématiques et leurs applications. Dès le début, l'analyse avait occupé une place importante à l'École. Sa situation s'était renforcée au début du XIXe siècle et l'on peut dire qu'elle exerçait déjà, au moment où Cauchy enseignait, une véritable hégémonie sur les programmes. L'analyse apparaissait en effet comme la matière la plus générale enseignée à l'École, nécessaire à tous les ingénieurs. Placée en tête des programmes officiels, elle formait le tronc commun de l'enseignement. Plusieurs cours d'application en dépendaient étroitement : analyse appliquée à la géométrie des trois dimensions, géométrie descriptive, en régression dans les programmes, cours des machines et physique, du moins après le remplacement d'Hassenfratz par Petit.

Cette hégémonie imposait des responsabilités aux professeurs d'analyse, d'autant plus difficiles à remplir que les élèves ne disposaient à leur admission que d'un très mince bagage mathématique. Deux conceptions s'affrontaient depuis la création de l'École. Les plus nombreux pensaient qu'il fallait présenter l'analyse de la façon la plus simple, en ayant toujours à l'esprit les applications possibles aux sciences de l'ingénieur, d'où la nécessité d'avoir systématiquement recours à l'intuition géométrique. Les élèves assimileraient ainsi rapidement les notions et les méthodes mathématiques utilisées par les autres professeurs. Mais certains, soutenus par Lagrange et même Laplace, considéraient au contraire qu'il fallait donner une présentation suffisamment abstraite, rigoureuse et formalisée pour que les élèves puissent ensuite en appliquer facilement les méthodes aux situations les plus diverses.

Cauchy partageait ce point de vue. A l'automne 1816, il avait proposé dans cet esprit un changement profond dans l'organisation du cours d'analyse et de mécanique : présenter l'analyse en première année et la mécanique, conçue comme une simple application de l'analyse, en deuxième année. Mais le projet de Cauchy fit long feu malgré l'appui d'Ampère, et l'on en resta aux anciens programmes, légèrement modifiés.

Pour mieux contrôler l'enseignement et faciliter le travail des élèves, le Conseil de Perfectionnement, qui dirigeait l'École, avait depuis longtemps émis le vœu que les professeurs rédigeassent leurs cours, en particulier ceux d'analyse. Les difficultés rencontrées par Cauchy pour terminer son programme et les critiques des autres professeurs relancèrent cet ancien projet. Le Conseil était en effet persuadé que les leçons prenaient du retard parce que Cauchy s'attardait trop sur des points hors du programme. Cauchy annonce alors au Conseil d'Instruction le 15 juin 1820 « que son désir, en ce qui touche le cours d'analyse, va se trouver bientôt rempli par la publication prochaine de l'ouvrage qu'il fait imprimer en ce moment et dont le premier volume va paraître ». La première partie du *Cours d'analyse*, consacrée à l'analyse algébrique, c'est-à-dire aux notion préliminaires nécessaires avant d'aborder le calcul infinitésimal, ne paraît en fin de compte qu'un an plus tard, en juin 1821.

Entretemps, un grave incident avait éclaté pendant un cours de Cauchy. Le 12 avril 1821, à la fin d'une leçon prolongée largement au-delà de l'horaire, alors que le sous-inspecteur de surveillance avait le dos tourné, Cauchy fut sifflé par cinq ou six élèves qui sortaient de l'amphithéâtre et que l'administration ne parvint pas à retrouver. L'affaire fut considérée comme très sérieuse par Bouchu, le directeur, qui envoya un rapport circonstancié au ministère de l'Intérieur.

Dans ce rapport, il partageait les torts entre les élèves et Cauchy à propos duquel il écrivait :

« Tantôt ce professeur retient les élèves plus d'une heure et demie, tantôt il emploie la partie de ce temps consacrée aux interrogations, à des explications nouvelles, quoiqu'il soit bien reconnu que, pour des matières aussi abstraites que l'analyse, les démonstrations du professeur ne doivent durer qu'une heure, les élèves n'étant pas susceptibles de prêter plus longtemps une attention utile. Ces jeunes gens connaissent en outre par les programmes le nombre des leçons déterminées pour chaque cours, et ils voient qu'au lieu de se renfermer dans cinquante leçons, M. Cauchy est déjà à la soixante-cinquième et qu'il lui en faudra peut-être encore deux ou trois pour finir l'analyse, dont le terme était fixé au 6 mars. Ayant besoin de

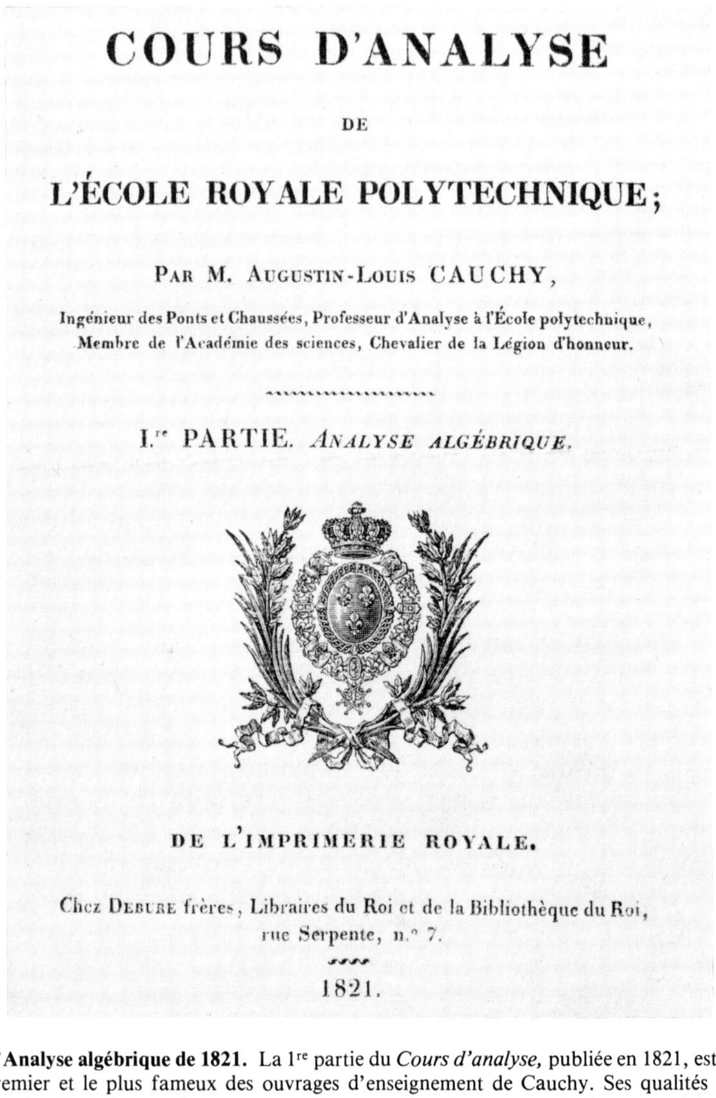

COURS D'ANALYSE

DE

L'ÉCOLE ROYALE POLYTECHNIQUE;

PAR M. AUGUSTIN-LOUIS CAUCHY,

Ingénieur des Ponts et Chaussées, Professeur d'Analyse à l'École polytechnique, Membre de l'Académie des sciences, Chevalier de la Légion d'honneur.

I.re PARTIE. *ANALYSE ALGÉBRIQUE.*

DE L'IMPRIMERIE ROYALE.

Chez DEBURE frères, Libraires du Roi et de la Bibliothèque du Roi, rue Serpente, n.° 7.

1821.

L'Analyse algébrique de 1821. La 1re partie du *Cours d'analyse,* publiée en 1821, est le premier et le plus fameux des ouvrages d'enseignement de Cauchy. Ses qualités de clarté et de rigueur en firent aussitôt un ouvrage de référence pour les jeunes mathématiciens. On y trouve la définition de la continuité d'une fonction, une étude très complète de la convergence des séries et plusieurs chapitres sur les nombres et les fonctions imaginaires. Mais, jugé trop long et trop difficile, ce livre, consacré uniquement à l'Analyse algébrique, c'est-à-dire aux préliminaires, fut mal accueilli à l'École et ne fut pas utilisé. Aussi Cauchy renonça-t-il à publier la suite de ce cours et se contenta de rassembler un *Résumé* de ses leçons (le *Calcul infinitésimal*). Comme tous les autres ouvrages publiés par Cauchy sous la Restauration, l'*Analyse algébrique* fut éditée par son beau-père, Guillaume de Bure. *(Coll. J.L.V./Belin - J. Dubout)* *tout leur temps et de toute leur attention pour étudier les objets demandés pour l'examen, les élèves sont naturellement contrariés lorsqu'on les détourne de ce but, en les occupant de longs développements non exigés ou de théories de luxe qui surchargent leur mémoire et leur enlèvent des moments précieux. Je ne dois pas non plus laisser ignorer que de nombreux avertissements on été donnés, depuis cinq ans, à M. Cauchy, pour l'engager à simplifier ses méthodes et à se conformer exactement aux programmes ; et que toutes les fois qu'il y a eu lieu de signaler des anomalies dans quelques cours, les rapports mensuels et les rapports de fin d'année au Conseil de perfectionnement en ont fait mention. Le retard particulier apporté cette année dans le cours d'analyse est également fâcheux, en ce que le cours de mécanique qui lui succède sera forcément resserré et que les examens de fin d'année pourront se trouver retardés. L'attention du Conseil d'Instruction va être appelée sur cet objet dans sa prochaine séance. »*

Mais le ministre de l'Intérieur, apprenant l'incident, estima, à tort ou à raison, que ces sifflets étaient une manifestation politique contre un enseignant qui ne cachait pas ses convictions ultraroyalistes. Le gouvernement, à la suite de l'assassinat du duc de Berry en février 1820, limitait encore les libertés publiques et l'opposition libérale, très vive chez les étudiants et dans l'armée où se développait alors la Charbonnerie, se radicalisait. A l'École Polytechnique, Cauchy n'était pas aimé, car on n'oubliait pas qu'il avait accepté sa nomination à l'Académie au fauteuil de Monge, le fondateur de l'École, mort de chagrin en 1818, dont le souvenir était pieusement entretenu par les élèves. Le ministre annonça en conséquence au directeur qu'il avait décidé de consigner l'ensemble de la deuxième division pendant quinze jours et de renvoyer, s'ils étaient retrouvés, les plus coupables des élèves chahuteurs.

Bouchu, soucieux sans doute de protéger l'École des foudres gouvernementales, envoya alors un second rapport dans lequel il mettait cette fois-ci tous les torts sur le dos de Cauchy. Il y expliquait que les élèves se plaignaient dans leur famille du cours d'analyse mais qu'ils n'avaient pas osé faire une démarche auprès de l'autorité par peur de passer pour des « provocateurs » :

« Ces considérations expliquent pourquoi les élèves ne s'étaient pas plaints et d'un autre côté, il est facile de concevoir qu'ils aient pu éprouver du mécontentement. En effet, quel que soit le goût des élè-

ves pour l'étude, ils ne peuvent pas perdre de vue les objets qui leur sont indispensables pour satisfaire à l'examen qui doit décider de leur sort, objets exclusivement consignés dans un programme dont on leur distribue un exemplaire qui leur trace les conditions d'instruction exigées, en même temps qu'il trace les obligations des professeurs.

Ces programmes, fruit d'une longue expérience, prescrivent pour le cours de M. Cauchy cinquante leçons d'analyse et trente-cinq de mécanique. Des suppressions faites à la mécanique en compensation du surcroît de leçons d'analyse ne pourraient être admises attendu que les élèves n'en devraient pas moins répondre ensuite à toutes les questions de cette autre partie du cours, quoiqu'elles leur eussent été enseignées incomplètement (...). Tous les élèves rendent du reste justice au zèle de M. Cauchy et apprécient ses talents distingués ; mais il n'est pas le seul des professeurs qui ait un mérite supérieur et d'excellents principes ; et il est le seul qui apporte de la persévérance à l'inexécution des programmes (...).

Il est de fait que M. Cauchy a donné lieu de remarquer à différentes reprises qu'il ne réglait pas convenablement la distribution des matières de son cours d'analyse, ce qui a quelquefois entravé la marche d'autres cours qui doivent lui être coordonnés ; que se laissant aller sans mesure à son imagination, il employait un luxe d'analyse sans doute convenable pour des mémoires à lire à l'Institut, mais surabondant pour l'enseignement des élèves de l'École et même nuisible ; qu'il négligeait ainsi d'exercer les élèves aux applications, ce dont les examinateurs permanents ont dû se plaindre ; et qu'il est résulté parfois de cette habitude de se livrer à des développements scientifiques un défaut de clarté dans les leçons, ce qui a même été témoigné avec justice par les élèves dans une des promotions précédentes.

Enfin M. Cauchy s'est fréquemment écarté de ce qui est prescrit par les programmes, en dépassant le temps assigné pour les leçons, en prolongeant ses cours d'analyse au-delà du nombre de leçons accordées et en ne consacrant pas à interroger les élèves le temps assigné pour cet objet.

Il est de fait également que j'ai employé tous les moyens dont il était possible d'user pour prévenir les inconvénients que je viens de signaler ; recommandations et ordres de M. l'Inspecteur des études qui est spécialement chargé de veiller à l'exécution des programmes ; mention des anomalies ou retards dans les rapports mensuels et dans les rapports de fin d'année au Conseil de Perfectionnement ; invitations au Conseil d'Instruction qui a plusieurs fois rappelé inutilement l'importance de l'exécution rigoureuse des programmes ; enfin représentations faites par moi particulièrement à ce professeur qui m'a toujours bien promis d'y avoir égard, mais qui, depuis cinq ans, n'en persévère pas moins dans la même marche. M. l'Inspecteur de son côté, m'a assuré qu'il avait donné tous les avertissements possibles à M. Cauchy, mais qu'ils étaient restés sans effet et qu'il n'espérait pas obtenir davantage à l'avenir.

Le Conseil d'Instruction qui s'était occupé au commencement du mois de mars du retard du cours de M. Cauchy avait déjà, dû, sur sa demande, lui accorder un supplément de sept leçons que ce professeur a encore dépassé en prolongeant ce nombre jusqu'à seize. Enfin, ce Conseil vient de se trouver obligé pour ce motif de renvoyer à la fin de l'année l'interrogation générale qui devait être faite à la fin du cours de mécanique.

Je ferai remarquer de plus comme un indice du manque de cet aplomb qu'on doit généralement supposer à un professeur déjà célèbre dans les Sciences, que, mardi dernier, lorsque M. Cauchy est revenu pour sa leçon ajournée par suite de l'inconvenance qui avait eu lieu, il n'a point été exact à l'heure et n'est arrivé que dix minutes après la réunion des élèves à l'amphithéâtre. M. le Duc de Doudeauville, Président des Conseils supérieurs, qui était présent, a fort improuvé, surtout en raison de la circonstance, ce retard entièrement contraire aux usages de MM. les professeurs de l'École Polytechnique et en a témoigné son mécontentement. »

La publication des cours

La remarquable *Analyse algébrique* de 1821, qu'Abel conseillait de lire à tout mathématicien épris de rigueur, tombait, du point de vue de l'École, dans les travers dénoncés par Bouchu. L'ouvrage, en effet, était beaucoup trop long. Petit, par exemple, avait demandé en 1819 « que l'on rapproche le commencement de l'enseignement du calcul différentiel sauf à supprimer quelques questions d'algèbre, principalement celle des séries dont les élèves, suivant lui, n'auront jamais l'occasion de faire usage dans les services » ; or précisément, trois chapitres du cours de 1821, soit plus de cent vingt pages, étaient consacrés à la théorie des séries !

Après l'incident d'avril 1821 et les protestations des autres professeurs, l'*Analyse algébrique* ne pouvait donc servir aux élèves. Lorsque Cauchy reprit la deuxième division en novembre 1822, il renonça à la plupart des leçons d'analyse algébrique qui étaient l'objet de l'ouvrage. Reconnaissant qu'il serait

La Montagne Sainte-Geneviève vue de l'École Polytechnique. Au premier plan de cette lithographie de 1840, l'entrée de l'École Polytechnique ; en face de l'église Saint-Étienne-du-Mont, le collège Henri-IV, l'ancienne école centrale du Panthéon que fréquenta Cauchy entre 1802 et 1804. Toute sa vie, mis à part son séjour à Cherbourg et son exil, Cauchy vécut et travailla au Quartier Latin entre la Seine et la Montagne Sainte-Geneviève. *(J.-L. Charmet)*

utile de fournir aux élèves des rédactions écrites sur le calcul infinitésimal, il commença alors à rédiger des feuilles, imprimées au fur et à mesure et distribuées aux élèves de deuxième division. Ampère réalisait en même temps des rédactions pour les élèves de première division. Le 30 janvier 1823, l'inspecteur des études déclarait au Conseil d'Instruction :

« Pour satisfaire au vœu souvent exprimé par les Conseils d'Instruction et de Perfectionnement, MM. les professeurs d'analyse et de mécanique se sont occupés de la rédaction des points les plus difficiles de leurs cours. Il est à regretter que ce travail ait été commencé un peu tard pour la première division, et que l'impression de ces rédactions ne s'exécute pas assez promptement; mais elles n'en ont pas moins été très utiles aux élèves et leur seront encore d'un puissant secours. »

Rassemblées en un volume, ces feuilles formèrent le premier tome du *Résumé des leçons données à l'École royale Polytechnique sur le calcul infinitésimal,* publié en août 1823 chez de Bure.

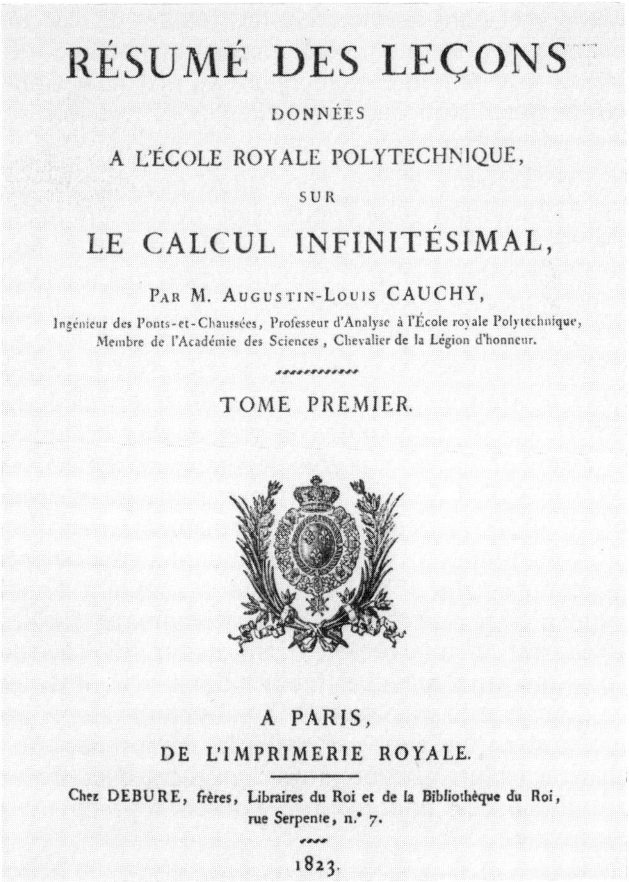

RÉSUMÉ DES LEÇONS

DONNÉES

A L'ÉCOLE ROYALE POLYTECHNIQUE,

SUR

LE CALCUL INFINITÉSIMAL,

PAR M. AUGUSTIN-LOUIS CAUCHY,

Ingénieur des Ponts-et-Chaussées, Professeur d'Analyse à l'École royale Polytechnique, Membre de l'Académie des Sciences, Chevalier de la Légion d'honneur.

TOME PREMIER.

A PARIS,

DE L'IMPRIMERIE ROYALE.

Chez DEBURE, frères, Libraires du Roi et de la Bibliothèque du Roi, rue Serpente, n.° 7.

1823.

Le Calcul infinitésimal de 1823. Le premier tome du *Calcul infinitésimal,* distribué aux élèves sous forme de feuilles séparées pendant l'année 1822/23 et publié en un volume par de Bure deux ans après l'*Analyse algébrique*, traitait le calcul différentiel et le calcul intégral. Cauchy y donnait la définition d'une dérivée et d'une intégrale d'une fonction continue. Il prépara l'année suivante le deuxième tome, consacré au cours de seconde année, en particulier à l'étude des équations différentielles, mais, au bout de quelques leçons, la distribution des feuilles aux élèves fut interrompue, la commission chargée de les examiner les ayant jugées trop difficiles. (Coll. J.-L. V.)
(Belin - J.-L. Charmet)

Pourtant ces feuilles, loin de satisfaire les Conseils, suscitèrent encore et toujours les mêmes critiques. Le 29 décembre 1823, la question fut posée au Conseil de Perfectionnement. Une discussion s'engagea qui aboutit au projet d'une commission avec, en particulier, Laplace, Poisson et Prony, « chargée de concert avec MM. les professeurs d'analyse et de mécanique, d'apporter dans la rédaction des feuilles de ces cours les modifications qui seront jugées nécessaires pour en accroître l'utilité » et « de présenter son travail au prochain Conseil de Perfectionnement afin que les feuilles modifiées soient distribuées aux élèves l'année prochaine ».

Les professeurs durent présenter pendant le premier semestre 1824 devant cette commission de censure les feuilles qu'ils avaient à rédiger. Ampère fournit une partie du cours d'analyse de première année ; Cauchy tarda, quant à lui, à présenter les feuilles de seconde année. « Il espère, expliquait-il le 6 mai 1824 au Conseil d'Instruction, pouvoir y donner plus de temps, maintenant que le mémoire dont il faisait la révision est terminé (...). Mais il craint d'éprouver du retard de la part de l'imprimerie royale dont toutes les presses sont occupées pour les impressions relatives aux lois de finance. » Effectivement, entre mai et juillet 1824, furent imprimées treize leçons de seconde année (la treizième en partie seulement), mais l'impression fut interrompue brutalement pendant l'été. Le cours de Cauchy, comme celui d'Ampère, resta incomplet[1]. Tout laisse penser que c'est la commission, peu satisfaite des feuilles déjà présentées, qui en interrompit l'impression. Laplace déclara même un jour « que quelques feuilles de l'un de MM. les professeurs d'analyse (il s'agissait de Cauchy) lui avaient paru peu intelligibles et qu'il n'était parvenu à les comprendre qu'après une troisième lecture ». Faute d'un accord entre les professeurs et la commission, les impressions ne purent reprendre pendant l'année suivante.

Quant à l'enseignement, l'inspecteur des études continua à relever tout au long de l'année scolaire 1824-1825 dans le cours d'analyse de Cauchy en seconde division des digressions hors du programme et des omissions, en particulier en ce qui concernait la géométrie. C'est pourquoi le Conseil d'Instruction décida à la rentrée 1825 de changer le programme d'analyse ; il

1. Les leçons imprimées ont été publiées par C. Gilain en 1981. Voir Bibliographie.

donnait ainsi satisfaction à Cauchy et à Ampère qui se plaignaient depuis longtemps de la lourdeur des programmes, impossibles à traiter dans le temps imparti, mais de quelle manière ! Car, « avec ces changements, il ne restera plus aucun préliminaire algébrique avant le calcul différentiel par lequel le cours sera immédiatement commencé » ! C'était porter atteinte aux méthodes mêmes de l'enseignement de Cauchy, avec la volonté avouée d'en revenir pour l'étude du calcul infinitésimal à l'ancienne méthode des infiniment petits, plus rapide et plus simple selon les Conseils. Cauchy, scandalisé de voir ainsi réduit à rien l'essentiel de son œuvre enseignante, présenta au Conseil d'Instruction sa défense et fit inscrire au procès-verbal la réponse complète et exacte qu'il donna à ceux qui l'attaquaient :

« Si quelques parties du cours d'analyse et de mécanique ont été considérées par plusieurs personnes comme exigeant des élèves, surtout dans la première année, un travail trop considérable, cela ne tient nullement à la méthode suivie aujourd'hui par les professeurs, mais au grand nombre d'articles ajoutés depuis la réorganisation de l'École, au programme de la première année, et à la rigueur que les professeurs s'étaient proposés de mettre dans leur démonstration. En comparant les nouvelles méthodes avec celles qui étaient autrefois en usage, on reconnaîtra sans peine que les nouvelles sont en général plus simples, quand elles ne sont pas plus rigoureuses. Au reste, si l'on sacrifie quelque chose de la rigueur, ainsi que l'un des professeurs d'analyse l'a proposé dans la séance du 24 novembre dernier, l'expérience démontrera bientôt que les nouvelles méthodes, loin de nuire à l'instruction des élèves, leur permettent d'apprendre, en moins de temps et avec moins de travail, tout ce qu'ils apprenaient autrefois. C'est ce dont il est déjà facile de s'assurer. Ainsi, par exemple, en suivant cette marche, le professeur d'analyse de la première division a pu expliquer et développer la seconde partie du calcul infinitésimal en consacrant à cet objet moins de leçons que le programme n'en indique. »

Mais, après ce dernier plaidoyer, Cauchy dut céder aux injonctions du Conseil et s'engager à moins de rigueur et à davantage d'exercices d'application. Pour répondre à ceux qui l'accusaient de sacrifier les applications géométriques aux mathématiques pures, il publia le 17 juillet 1826 aux éditions de Bure le premier tome des *Leçons sur les applications du calcul infinitésimal à la géométrie.* Il publia d'autre part, dans les *Exercices de mathématiques* qui commençaient à paraître, de nombreux articles, à partir de son enseignement de la mécanique à l'École Polytechnique et à la Faculté des Sciences, de mai 1826 à avril 1827 [1].

Par contre, les feuilles d'analyse que devaient présenter les professeurs à la commission nommée en 1823 n'étaient toujours pas publiées. A la rentrée de 1826, une nouvelle commission fut nommée par le Conseil de Perfectionnement, « sur l'analyse, la mécanique, l'arithmétique sociale et la géodésie », composée de Laplace, Biot, Binet, Poisson, Prony et Puissant, dans le cadre d'une réorganisation générale des programmes. A cette occasion,

« Monsieur le Marquis de Laplace appelle l'attention du Conseil sur les efforts que le Conseil a tentés depuis plusieurs années pour améliorer l'instruction mathématique par la simplification des méthodes d'enseignement. Il rappelle que la commission instituée à cet effet par le ministère de l'Intérieur et dont il est président, a cherché vainement depuis trois ans à amener MM. les professeurs à lui soumettre, pour leurs cours, des rédactions qui puissent le satisfaire ; il ajoute qu'en conséquence du vœu émis par le Conseil de Perfectionnement dans sa session dernière, et sur les instances de la commission, le ministre de l'Intérieur a prescrit aux professeurs de présenter des ouvrages imprimés qu'ils s'engageront à suivre dans leurs leçons ; (...) mais que le second professeur, M. Cauchy, n'a présenté que des feuilles qui n'ont pu satisfaire la commission, et qu'il a été jusqu'à présent impossible de l'amener à se rendre au vœu du Conseil et à exécuter la décision du ministre. »

A la suite de cette intervention, le directeur de l'École déclara que *« dans le cas où de nouvelles tentatives resteraient sans succès, il se regarderait comme obligé de proposer au gouvernement une mesure de rigueur qui lui serait très pénible »*.

Mais malgré ce grave avertissement de l'administration de l'École, la rédaction du cours d'analyse et de mécanique n'avança pas dans les années suivantes ; c'est pourquoi, sur le rapport de Poisson fait au nom de la commission nommée le 17 novembre 1826, le Conseil de Perfectionnement décida le 15 février 1828 de prendre en main l'impression des ouvrages :

---

1. *O.C.*, 2, VI, pp. 23-27, 89-112, 149-168, 191-201 et VII, pp. 11-36, 94-120, 124-140.

des sténographes recueilleraient exactement les leçons des cours d'analyse et de mécanique ainsi que celles d'autres cours, qui seraient imprimées après une révision par les professeurs. D'autre part, les deux professeurs d'analyse et de mécanique présenteraient devant une commission la table des matières de leurs cours, qui serviraient alors de base de travail pour la rédaction de nouveaux programmes. Puis ils rédigeraient des ouvrages respectant ces nouveaux programmes, qui seraient imprimés après vérification par l'inspecteur des études et par les examinateurs. « Ces ouvrages ne devront pas excéder, pour les deux divisions, deux volumes de quatre cents pages in-4°, l'un d'analyse et l'autre de mécanique. Ils auront pour objet principal de diriger les études des élèves vers les applications usuelles que nécessite le service public. » Des délais très stricts étaient fixés par la commission pour la sténographie des cours, et la rédaction des tables des matières et des nouveaux ouvrages.

Bien sûr, ces dispositions soulevèrent les protestations des professeurs d'analyse et de mécanique. Cauchy envoya au ministre de l'Intérieur une lettre de protestation. Quant à Ampère, après avoir déclaré qu'il était impossible de finir dans l'espace d'une année deux volumes in-4° de quatre cents pages, il préféra démissionner de l'École en mai 1828. Finalement, le Conseil d'Instruction s'opposa à la sténographie, qui aurait demandé trop de travail de correction pour les professeurs.

En fait, comme toutes les décisions prises précédemment par les Conseils, les mesures du 15 février 1828 restèrent lettre morte. Certes, Cauchy publia aux éditions de Bure, le 4 mai 1829, les *Leçons sur le calcul différentiel*, mais cet ouvrage ne répondait pas aux dispositions prévues par le Conseil et Prony put déclarer au Conseil de Perfectionnement :

« M. le professeur d'analyse a publié la partie de son cours qui traite du calcul différentiel. On voit qu'il a eu l'intention de se conformer, jusqu'à un certain point, aux conditions imposées pour la rédaction de cet ouvrage classique par les délibérations du Conseil. Cependant, ces conditions ne sont qu'imparfaitement remplies dans le nouveau traité et, de plus, les méthodes qui y sont exposées ne sont pas, en général, celles qui ont été enseignées ; en sorte qu'il ne reste aux élèves, comme par le passé, pour conserver la mémoire des leçons qu'ils ont reçues, que leurs notes manuscrites. »

A la fin de l'année scolaire 1829-1830, Cauchy avait enfin rédigé et remis peu à peu les tables des matières de son cours d'analyse de première et seconde années, mais rien n'était encore fait pour le cours de mécanique quand survint la Révolution de juillet 1830.

Autres activités scientifiques

Cauchy travaillait sans compter au risque d'y ruiner sa santé. A son enseignement à l'École Polytechnique, il faut ajouter les leçons données, faute de chaire vacante, soit comme suppléant, soit comme remplaçant, au Collège de France et à la Faculté des Sciences.

Une première occasion se présenta au Collège de France à la fin de l'année 1816 : Jean-Baptiste Biot préparait une expédition géodésique en Écosse et aux Iles Shetland, qui l'empêchait d'assurer son cours de physique mathématique pendant l'année 1817. Il proposa donc, le 10 novembre 1816, de se faire remplacer par Cauchy en cas d'absence. Biot quitta Paris en mai 1817. On ignore quand Cauchy commença d'assurer l'enseignement à sa place. Dans son cours de l'année 1817 au Collège de France, Cauchy présenta pour la première fois au public scientifique les méthodes d'intégration mises au point depuis 1814 et qui n'avaient pas encore été publiées. Biot reprit ses leçons à son retour en 1818.

Cauchy fut aussi nommé en octobre 1821 chargé de cours de mécanique en remplacement de Poisson à la Faculté des Sciences, moyennant une indemnité annuelle de 3 000 F à recevoir sur le traitement du professeur titulaire. Poisson avait renoncé à enseigner à la Faculté des Sciences en 1820, lorsqu'il était devenu membre du Conseil royal de l'Instruction publique. Ampère avait alors accepté d'assurer les cours de mécanique à sa place. Mais la tâche était trop lourde et il dut interrompre un temps son enseignement pendant l'année scolaire 1820-1821. Cauchy voulut bien le remplacer temporairement. A la rentrée d'octobre 1821, Ampère préféra se retirer définitivement et proposa Cauchy à Poisson pour assurer le remplacement. Cauchy obtint le 23 décembre 1823 le titre de professeur adjoint de mécanique et fit le cours jusqu'en 1830. Il y présenta essentiellement la mécanique classique à l'aide de sa théorie des moments linéaires.

Enfin, Cauchy reprit son enseignement au Collège de France dans la chaire de physique mathématique à la fin de l'année 1824, à la suite d'un nouveau voyage de J.-B. Biot. Celui-ci avait subi, en 1822, un échec humiliant à l'Académie des Sciences. Il s'était porté, en même temps que Fourier et son ami Arago, candidat à la succession de Delambre comme secrétaire perpétuel pour les sciences exactes. Arago avait renoncé à sa candidature et s'était rallié à Fourier, qui fut élu facilement. Biot s'estima trahi par ses amis de l'Académie et cessa d'assister aux séances hebdomadaires. En 1824, il décida d'entreprendre un long voyage d'une année avec son fils en Italie. Il demanda, avant son départ, à l'assemblée des professeurs du Collège que Cauchy fit le cours en son absence. A son retour en France, un an plus tard, il se retira à la campagne et proposa que Cauchy devienne son suppléant en titre, moyennant 2000 F à prendre sur son traitement annuel. Cauchy assura donc des leçons de physique mathématique au Collège de France, comme remplaçant puis comme suppléant, de la fin 1824 à juin 1830. Il y présenta ses plus récentes recherches de mécanique et de physique mathématique.

En plus de son enseignement, Cauchy participa activement à la vie académique. Il évitait les responsabilités administratives et les fonctions honorifiques, mais jouait un rôle essentiel dans la plupart des commissions consacrées aux mathématiques pures et appliquées. L'Académie se réunissait tous les lundis en séance publique. Cauchy y assistait très régulièrement. Il usait, plus que tout autre, du droit qu'avait chaque membre de présenter ses derniers travaux. Il présenta ainsi, pendant la Restauration, une centaine de notes et mémoires, publiés en général soit dans les *Mémoires de l'Académie*, soit, à partir de 1826, dans les *Exercices de mathématiques*, une revue paraissant régulièrement par livraison et dont il était l'unique rédacteur. La grande facilité de publication que lui procura cette étrange revue était évidemment un privilège exceptionnel, accordé par les de Bure qui en assuraient l'édition. Ces *Exercices* étaient d'autant plus précieux que les recueils de *Mémoires de l'Académie* paraissaient toujours, pour des raisons financières, avec un retard considérable, et que les revues scientifiques où l'on pouvait publier plus rapidement n'acceptaient le plus souvent que des résumés.

Pendant la Restauration, Cauchy renonça, sauf exceptions, aux recherches de géométrie pure, d'arithmétique et d'algèbre qui avaient fait son renom à ses débuts au profit de l'analyse et de la mécanique, domaines dans lesquels s'illustrait alors l'école française de mathématiques, avec Laplace et Poisson. Jusqu'en 1821, il resta accaparé par la préparation de ses leçons à l'École Polytechnique. Par la suite, il se consacra d'une part à la mécanique des milieux continus et des systèmes de molécules, fondant à cette occasion en 1822 la théorie de l'élasticité, d'autre part à l'étude des solutions des équations linéaires aux dérivées partielles, rencontrées en physique mathématique, utilisant la théorie de l'intégration dans le plan complexe et le calcul des résidus.

Cauchy et les mathématiciens de son temps

A l'Académie, Cauchy marquait une froideur distante, malgré une parfaite politesse, dans les rapports avec ses collègues. La qualité des liens qu'il entretenait avec les uns et les autres était pour une bonne part déterminée par des affinités d'ordre politique et religieux. Il était, de ce point de vue, assez isolé. « Son catholicisme ardent, inquiet, ombrageux, faisait dans une telle assemblée une singulière bigarrure » notait A. Cournot dans ses *Souvenirs*.

Il était proche surtout d'Ampère, qui avait été son répétiteur d'analyse lorsqu'il était élève à l'École Polytechnique et qui occupait maintenant la chaire jumelle d'analyse et de mécanique. Ampère était un catholique sincère, mais sa foi était plus tourmentée que celle de Cauchy. Les deux hommes se voyaient et se soutenaient. Ils collaborèrent régulièrement dans les commissions académiques entre 1816 et 1830. Par contre, Cauchy n'était guère apprécié des savants réputés libéraux, comme Poinsot ou Arago.

Cauchy se dégagea rapidement de la tutelle de Laplace et Poisson, qui avaient aidé ses premiers pas dans la carrière. Laplace, autour duquel la communauté scientifique avait gravité au cours des premières années du siècle, vit peu à peu décliner son influence au cours des années précédant sa mort, en 1827. Cauchy rejetait, pour manque de rigueur, certains de ses travaux comme ceux sur les fonctions génératrices. Et surtout il

André-Marie Ampère (1775-1836). Répétiteur de Lacroix en analyse, à l'époque où Cauchy était élève, puis professeur d'analyse, Ampère devient en 1816 professeur d'analyse et de mécanique à l'École Polytechnique, en même temps que Cauchy. Les deux professeurs se chargeaient à tour de rôle d'une promotion et la suivaient en deuxième année ; ils collaboraient étroitement et, face aux fréquentes attaques dont ils étaient l'objet, ils firent toujours front commun.
Accaparé, à partir de 1820, par ses recherches en électrodynamique, Ampère s'inspira de plus en plus du cours de Cauchy dans son enseignement ; il démissionna de son poste en 1828, quand le Conseil de perfectionnement voulut imposer aux professeurs la rédaction de nouveaux ouvrages pour aider les élèves.
Ampère est l'un des savants avec lesquels Cauchy entretenait des relations amicales. Mais leurs préoccupations scientifiques restèrent toujours assez éloignées, et Cauchy ne s'intéressa jamais à l'étude des phénomènes électromagnétiques, à laquelle le nom d'Ampère reste attaché. *(Roger-Viollet)*

critiquait les positions philosophiques exposées par Laplace dans son *Essai philosophique des probabilités*. Dans une lettre à Ruffini, en 1821, Cauchy écrivait :

« Lié depuis longtemps avec l'auteur que vous réfutez et lui ayant même des obligations, je ne lui ai jamais caché mes sentiments ni mes principes, et dans l'introduction de mon cours d'analyse, où je lui rends d'ailleurs toute justice, j'ai formellement énoncé qu'on ne devait point essayer d'attaquer l'histoire avec des formules, ni donner pour sanction à la morale des théorèmes d'algèbre ou de calcul intégral. »

Quant à ses rapports avec Poisson, ils se dégradèrent à mesure que grandissait leur rivalité scientifique. En règle générale d'ailleurs, si l'intérêt de la science et le culte de la vérité réunissaient tous les savants, *a priori* bien différents dans leurs opinions, une concurrence exagérée empoisonnait trop souvent leurs relations. L'Académie était considérée comme l'arbitre des rivalités. Cauchy, très conscient de son génie, se prêtait au jeu, bien qu'il regrettât le temps perdu à de stériles querelles de priorité. Dès qu'il terminait un mémoire, il s'empressait de le faire parapher par le secrétaire de l'Académie afin de prendre date en cas de contestation, car souvent étaient lancées des accusations plus ou moins voilées de plagiat. Poinsot reprocha à Cauchy d'avoir copié, sans le citer, sa théorie des couples en mécanique. Cauchy lui-même se méfiait surtout de Poisson. A partir de 1825, leurs relations prirent franchement mauvaise tournure. Tous deux faisaient partie de la commission chargée d'examiner un mémoire de Brisson sur les équations linéaires aux dérivées partielles. Cauchy était rapporteur. Il rédigea un rapport favorable que Poisson n'approuva pas, car il considérait que les recherches de Brisson n'apportaient rien de nouveau par rapport à celles qu'il avait entreprises auparavant sur la même question. Le différend fut porté devant l'Académie qui refusa d'abord d'adopter les conclusions du rapport. Finalement, c'est Cauchy qui l'emporta et le mémoire de Brisson fut approuvé. Les deux savants gardèrent de cette affaire une évidente hostilité réciproque. Deux ans plus tard, Cauchy, en concurrence avec Poisson à propos de la théorie de l'élasticité, déposa à l'Académie, pour gagner quelques jours sur son rival, deux plis cachetés contenant les premières versions de mémoires qu'il n'avait pas encore terminés. Il aurait pu faire ouvrir les plis en cas de querelle de priorité avec Poisson et démontrer ainsi l'antériorité de sa découverte ; mais, finalement, il n'eut pas à le faire.

Siméon-Denis Poisson (1781-1840), encouragea Cauchy dans ses premières recherches, mais devint bientôt son rival. Les deux hommes travaillèrent souvent sur les mêmes sujets (théorie des équations linéaires aux dérivées partielles et théorie de l'élasticité en particulier) mais ils ne s'aimaient guère et s'opposèrent à plusieurs reprises à l'Académie. *(Belin - J.-L. Charmet)*

Cauchy participa à de multiples commissions académiques chargées d'examiner des mémoires présentés par des savants étrangers, c'est-à-dire qui n'étaient pas membres de l'Académie. C'était une responsabilité importante vis-à-vis des jeunes savants qui présentaient souvent leurs premières recherches et qui étaient jugés sur la foi du rapport rédigé par un des membres de la commission. A la lecture de ce rapport, l'Académie décidait ou non d'approuver le mémoire, et parfois de le publier dans son recueil de *Mémoires des savants étrangers*. Entre 1816 et 1830, Cauchy examina seul 32 mémoires, la plupart sans intérêt, pour lesquels il présenta en général un rapport verbal à l'Académie. Et surtout, il entra dans 98 commissions et, sur ces 98 commissions, il fut nommé 97 fois rapporteur. Il présenta effectivement 42 rapports écrits, au nom de ces commissions. La plupart des mémoires pour lesquels il ne présenta aucun rapport était d'un intérêt nul et 18 autres, présentés en 1829 et au début de 1830, ne purent probablement être examinés à la suite de son départ, en septembre 1830[1].

Ce travail mit Cauchy en contact avec plusieurs jeunes mathématiciens français et étrangers. Paris était alors la capitale des mathématiques et de jeunes étrangers, suisses comme Sturm, allemands comme Lejeune-Dirichlet, russes comme Ostrogradski ou norvégiens comme Abel, y firent des séjours plus ou moins longs ; ils suivaient les cours de la Faculté des Sciences et du Collège de France et cherchaient à rencontrer les savants les plus prestigieux. Trouver le ton juste avec de jeunes confrères encore inconnus qui viennent demander avis et protection n'est pas chose facile pour un homme arrivé. Il faut critiquer sans décourager, protéger sans étouffer, écouter sans s'approprier les résultats. Cauchy avait eu la chance de bénéficier à ses débuts de l'appui de Lagrange, Laplace et Poisson. Mais lui-même ne fut jamais un chef d'école. Il lui manquait sans doute l'autorité morale d'un Laplace ou la générosité intellectuelle d'un Fourier. S'il montra de l'intérêt pour Libri ou Ostrogradski, il se comporta très maladroitement avec trois des meilleurs mathématiciens qui s'adressèrent à lui.

Poncelet vit ses recherches originales de géométrie projective sévèrement critiquées pour leur manque de rigueur. Bien

1. Voir *O.C.*, 2, XV, pp. 518-526

des années plus tard, il se rappelait encore avec colère et amertume comment Cauchy le renvoya un jour de juin 1820 :

« Redoutant, avec raison, que douze années de travaux et de méditation persévérantes ne devinssent pour moi un sujet de déception et peut-être même de ridicule aux yeux de mes supérieurs, de mes camarades et du public géomètre, assez indifférent et peu indulgent en général, je parvins, lors d'une dernière démarche, à atteindre mon inflexible juge à son domicile, rue Serpente, n° 7, au moment où il le quittait pour se rendre à Saint-Sulpice ; mais durant ce rapide et trop court trajet, je m'aperçus promptement que je n'avais aucun droit acquis à ses ménagements, à son estime scientifique et qu'il me serait même impossible de m'en faire comprendre. Aussi me bornai-je, en humble et timide solliciteur, à le prévenir respectueusement que les objections et les difficultés qu'il croyait apercevoir dans l'adoption du principe de continuité en géométrie, tenaient essentiellement à l'insuffisante attention jusque-là accordée à la loi des signes de position, loi dont je m'étais préoccupé dès 1813, en Russie, mais surtout depuis mon retour en France en 1814, et dont la discussion mathématique aurait précédé ma communication à l'Académie, si d'estimables savants ne m'en avaient détourné. Mais, sans me permettre d'en dire davantage, il me quitta brusquement, en me renvoyant à la future publication de ses leçons à l'École Polytechnique, où la question devait, selon lui, être convenablement approfondie. »

Abel, qui admirait pourtant l'œuvre de Cauchy, se plaignit lui aussi, un peu plus tard, de son attitude. Il lui avait présenté un mémoire très important sur une *Propriété générale d'une classe très étendue de fonctions transcendantes*, quelques jours avant de le soumettre à l'Académie, le 30 octobre 1826, mais Cauchy refusa d'y prêter attention :

« Cauchy est fou et il n'y a rien à faire avec lui, bien qu'il soit en ce moment le mathématicien qui sait comment il faut traiter les mathématiques », écrivit-il à son ami Holmboe le 24 octobre. Il précisait un peu plus loin dans sa lettre : *« J'ai achevé un grand mémoire sur une certaine classe de fonctions transcendantes pour le présenter à l'Institut. Cela aura lieu lundi. Je l'ai montré à Cauchy ; mais c'est à peine s'il a voulu y jeter les yeux. Et j'ose dire sans me vanter qu'il est bon. Je suis curieux d'attendre le jugement de l'Institut. »*

Hélas, Abel n'eut pas cette satisfaction : *« J'attendais tous les jours la solution au sujet du mémoire que j'ai déposé à l'Institut. Mais ces hommes lents n'en finissaient pas. Legendre et Cauchy étaient juges, Cauchy "rapporteur". Legendre a dit "ça prendra".* »

A la mort prématurée d'Abel, le 6 avril 1829, Cauchy n'avait toujours pas présenté de rapport sur le mémoire de 1826, malgré plusieurs réclamations de Legendre, et celui qu'il présenta finalement, le 29 juin 1829, était un rapport bâclé et superficiel, indigne de son génie et de l'importance du mémoire qu'il avait à juger.

Quant à Galois, Cauchy lui accorda dans un premier temps une attention assez exceptionnelle de la part du grand savant. Il accepta en effet de présenter lui-même à l'Académie les premières recherches de Galois qui était un tout jeune homme encore inconnu, le 25 mai et le 1er juin 1829, initiative qu'il n'avait prise qu'une seule fois jusque-là. Le 18 janvier 1830, retenu chez lui par une indisposition, il envoya à l'Académie une lettre dans laquelle il annonçait son intention de présenter son rapport sur les travaux de Galois la semaine suivante. Pourtant, aucun rapport ne fut présenté par Cauchy, ni le 25 janvier, ni plus tard ; bien plus, il ne fut plus jamais question de Galois dans son œuvre ou dans ses déclarations ultérieures à l'Académie. La décision de ne pas présenter ce rapport fut peut-être prise en accord avec Galois dans la perspective d'une refonte du mémoire et de sa participation au Grand Prix de mathématiques. Il n'en reste pas moins qu'en décembre 1831, Galois se plaignait encore avec amertume que « des extraits en avaient été envoyés en 1829, qu'aucun rapport ne s'en est suivi et qu'il m'a été impossible de revoir les manuscrits », propos qui visait évidemment Cauchy et qui laissait supposer que ce dernier n'avait jamais rendu à Galois le mémoire qu'il lui avait confié.

En 1830, Cauchy était devenu un mathématicien consacré, connu à travers toute l'Europe et considéré déjà, à égalité avec Poisson, comme le meilleur mathématicien français de son temps. Son départ en exil, 3 ans après la mort de Laplace, quelques semaines après celle de Fourier, fut un très mauvais coup pour les mathématiques en France, Aucun mathématicien n'était de taille à le remplacer, surtout après la mort tragique de Galois, méconnu et incompris, en 1832.

THÈME 3

Sur les fondements de l'analyse

L'analyse avait connu au XVIIIe siècle, grâce à des mathématiciens comme les Bernoulli, d'Alembert et surtout Euler, une extraordinaire extension et d'innombrables applications en géométrie et en mécanique. Malgré ou peut-être à cause de ses succès, elle traversait à la fin du siècle une grave crise des fondements. C'est finalement Cauchy qui montra , dans ses leçons à l'École Polytechnique auxquelles il se consacra presque tout entier entre 1816 et 1821, la voie à suivre pour vaincre ces difficultés.

Les fondements de l'analyse avant Cauchy

Au XVIIIe siècle, le concept de fonction d'une variable réelle, sur lequel Euler avait fondé l'analyse, n'avait pas encore la généralité qui nous est aujourd'hui familière. Euler considérait uniquement des fonctions définies formellement par des « expressions analytiques », c'est-à-dire construites au moyen des opérations algébriques, appliquées à la variable et à des constantes et itérées, au besoin, un nombre infini de fois. Si la fonction est définie sur tout l'intervalle de définition par une seule « expression analytique », elle est « continue » au sens d'Euler ; si l'intervalle de définition est partagé en intervalles disjoints et la fonction définie par des « expressions analytiques » différentes pour chacun de ces intervalles, elle est « discontinue ». Euler introduisit plus tard, à l'occasion du problème des cordes vibrantes, des fonctions plus générales, les « fonctions mécaniques », définies géométriquement par des courbes quelconques « tracées à main libre », mais nous les laisserons ici de côté.

Pour Euler et ses successeurs, il ne faisait aucun doute que toute fonction « continue » est analytique, c'est-à-dire qu'elle peut être développée en série entière ; connaissant la valeur de la fonction en x, il est possible d'en déduire sa valeur en $x + i$, quelque soit i pour lequel $x + i$ est dans l'intervalle de définition, au moyen de la série

$$f(x + i) = f(x) + \mathrm{p}i + \mathrm{q}i^2 + \mathrm{r}i^3 + \dots \qquad (1)$$

où p, q, r, etc. sont des fonctions de x indépendantes de i. Le calcul différentiel permettait en effet de calculer effectivement, sauf parfois en des points isolés, les coefficients p, q, r... et de former ainsi une série entière, appelée série de Taylor.

Si les succès du calcul infinitésimal au XVIIIe siècle étaient impressionnants, ses fondements manquaient encore singulièrement de rigueur et restaient l'objet de controverses entre les mathématiciens. Cette question des fondements posait à la fois un problème philosophique : comment peut-on tirer des résultats vrais et profonds de prémices obscures et peut-être fausses ? et un problème pédagogique : comment peut-on apprendre à des commençants un calcul dont les principes ne sont pas assurés ? Au XVIIIe siècle, les mathématiciens donnèrent à ces questions deux sortes de réponse : pour les uns, de tradition leibnitzienne, le calcul infinitésimal est fondé sur l'usage des quantités infiniment petites, dont les propriétés sont paradoxales mais dont le maniement est aisé. On peut ranger parmi eux Euler, qui considérait les quantités infiniment petites comme des « quantités évanouissantes », c'est-à-dire des quantités nulles mais dont les rapports peuvent prendre des valeurs finies. Pour les autres, de tradition newtonienne, le calcul infinitésimal est fondé sur l'intuition géométrique et mécanique. Pour d'Alembert, en particulier, la notion de limite est « la vraie métaphysique du calcul différentiel » et les quantités infiniment petites n'existent pas ; le calcul infinitésimal utilise toujours des quantités finies et des passages à la limite. Mais, malgré plusieurs théorèmes et les travaux de mathématiciens comme Carnot, la notion, mal dégagée de l'intuition géométrique, restait floue et les passages à la limite davantage une manière de parler qu'une opération mathématique ; en somme, la construction du calcul infinitésimal par la méthode des limites restait à faire.

Développant des idées qui lui tenaient à cœur depuis longtemps, Lagrange présenta, dans sa *Théorie des fonctions analytiques* de 1797 et dans ses *Leçons sur le calcul des fonctions* de 1801-1806, rédigées à l'occasion d'un cours d'analyse donné pendant la Révolution à l'École Polytechnique, une méthode nouvelle par laquelle il prétendait écarter toute métaphysique du calcul infinitésimal et fonder l'analyse sur des bases enfin rigoureuses. Pour Lagrange, comme pour Euler, les fonctions rencontrées en analyse sont toujours « continues » (voir plus haut), au moins par morceaux, et développables en série entière, sauf en des points isolés. Lagrange proposait de les appeler « fonctions analytiques ».

Pour Euler, l'analycité des fonctions « continues » était un fait d'expérience, puisqu'il était toujours possible de calculer les coefficients en utilisant le calcul différentiel. Lagrange, qui avait en vue de fonder ce dernier calcul, cherchait à démontrer par des considérations formelles cette propriété fondamentale. Il proposait alors d'appeler fonction dérivée et de noter $f'(x)$ le coefficient p dans le développement de $f(x+i)$. Inversement, il appelait fonction primitive de f' la fonction f dont elle dérive. Il montrait alors, par des manipulations algébriques, que les coefficients successifs q, r, etc. dérivent de la même manière de la fonction primitive ; par exemple q est égal à $f''(x)/2$ où f'', dérivée seconde de f, est la dérivée de f'. Finalement, Lagrange obtenait pour la « fonction analytique » f, en la dérivant successivement jusqu'à l'ordre n, la formule de Taylor :

$$f(x+i) = f(x) + i f'(x) + \frac{i^2}{2!} f''(x) + \dots \frac{i^n}{n!} f^{(n)}(x) + R_n(x, i) \qquad (2)$$

Lagrange donnait du reste $R_n(x, i)$ deux expressions différentes, appelées aujourd'hui reste intégral et reste de Lagrange.

La construction des fonctions dérivées était donc le résultat de raisonnements purement formels, ne faisant appel ni à la notion d'infiniment petit ni à celle de limite. Cependant, pour retrouver les résultats du calcul infinitésimal, il restait à montrer que la série de Taylor en x, construite formellement à l'aide des dérivées successives, converge bien au voisinage de x vers la fonction primitive f. Or, à cause d'une compréhension insuffisante de la notion de convergence, la démonstration de Lagrange était erronée.

La théorie de Lagrange suscita l'admiration mais ne fut pas adoptée dans l'enseignement. Lacroix, qui succéda à Lagrange à l'École Polytechnique et qui fut le professeur d'analyse de Cauchy, introduisait le calcul différentiel par une « méthode des limites » exposée dans son *Traité élémentaire de calcul différentiel et de calcul intégral* de 1802. « Le calcul différentiel, écrivait-il, sera la recherche de la limite du rapport des accroissements simultanés d'une fonction et de la variable dont elle dépend. » Pour déterminer cette limite, Lacroix considérait le développement en série de l'accroissement de la fonction

$$f(x + i) - f(x) = \mathrm{p}i + \mathrm{q}i^2 + \mathrm{r}i^3 + \dots \qquad (3)$$

Le rapport aux différences s'écrit

$$[f(x + i) - f(x)]/i = \mathrm{p} + \mathrm{q}i + \mathrm{r}i^2 + \dots \qquad (4)$$

Quand i tend vers 0, $[f(x + i) - f(x)]/i$ tend vers p. La différentielle $\mathrm{d}f(x)$ est alors par définition le produit $\mathrm{pd}x$ où $\mathrm{d}x$ est la différentielle de la variable x. Après la démission de Lacroix de ses fonctions de professeur d'analyse à l'École Polytechnique, le Conseil de Perfectionnement imposa, pour gagner du temps « et épargner beaucoup de dégoût aux élèves », le retour à la méthode des infiniment petits consistant simplement à considérer les différentielles comme des quantités infiniment petites, négligeables par rapport aux quantités finies.

L'Analyse algébrique de 1821[1]

C'est une véritable réforme des fondements de l'analyse sous le signe de la rigueur qu'entreprit Cauchy dans ses leçons à l'École Polytechnique après 1815, comme il l'expliquait lui-même dans l'introduction de son *Analyse algébrique* de 1821 :

« Quant aux méthodes, j'ai cherché à leur donner toute la rigueur qu'on exige en géométrie, de manière à ne jamais recourir aux raisons tirées de l'algèbre. Les raisons de cette espèce, quoique assez communément admises (...), ne peuvent être considérées, ce me semble, que comme des inductions propres à faire quelquefois pressentir la vérité, mais s'accordent peu avec l'exactitude si vantée des sciences mathématiques. On doit même observer qu'elles tendent à faire attribuer aux formules algébriques une étendue indéfinie, tandis que, dans la réalité, la plupart des ces formules subsistent uniquement sous certaines conditions et pour certaines valeurs des quantités qu'elles renferment. En déterminant ces conditions et ces valeurs et en fixant de manière précise le sens des notations dont je me sers, je fais disparaître toute incertitude. »

1. *O.C.*, 2, III.

Ces préoccupations étaient partagées par d'autres mathématiciens du temps, comme Gauss, Abel ou Bolzano, mais seul Cauchy reconstruisit, en vue d'un enseignement, tout l'édifice de l'analyse sur des bases plus rigoureuses et avec des concepts-clés plus précisément définis. Son cours devint rapidement le modèle dont s'inspirèrent tous les auteurs de traités d'analyse au XIXe siècle.

La pierre angulaire du nouvel édifice était le concept de limite, noté *lim* et défini, de manière plus précise que chez Lacroix, dans le cadre homogène des fonctions numériques. Pour la limite d'une quantité variable, c'est-à-dire d'une suite de nombres réels, Cauchy donnait la définition suivante : « Lorsque les valeurs successivement attribuées à une même variable s'approchent indéfiniment d'une valeur fixe, de manière à finir par en différer aussi peu que l'on voudra, cette dernière est appelée la limite de toutes les autres ». Quant à une quantité infiniment petite, c'est une quantité variable dont la limite est zéro, définition qui permettait de traduire facilement la méthode des limites dans le langage des infiniment petits utilisé dans les programmes officiels de l'École. Ces définitions, quoique encore non formalisées, allaient s'avérer suffisamment opératoires dans la suite du cours.

Cauchy utilisait les notions de limite et d'infiniment petit pour définir les fonctions continues au sens moderne. Si, dans l'*Analyse algébrique,* la définition d'une fonction restait proche de celle d'Euler (une quantité est fonction d'une autre quantité variable lorsqu'elle peut être « exprimée » au moyen de cette quantité variable ; cette expression peut être implicite ou explicite), celle de fonction continue s'en séparait tout à fait : une fonction est continue pour Cauchy dans un intervalle, si elle y est finie et si un accroissement infiniment petit de la variable y produit un accroissement infiniment petit de la fonction ; alors, la limite de la fonction, quand la variable tend vers un point de l'intervalle, est égale à sa valeur en ce point. Cette définition, donnée indépendamment par Bolzano en 1817, et que Cauchy connaissait probablement dès 1814, ne doit pas être confondue avec celle d'Euler : une fonction continue au sens moderne peut très bien ne pas être continue au sens ancien, et vice versa (fig. 10).

La définition donnée par Cauchy d'une fonction continue dans un intervalle ne lui permettait pas de distinguer les notions

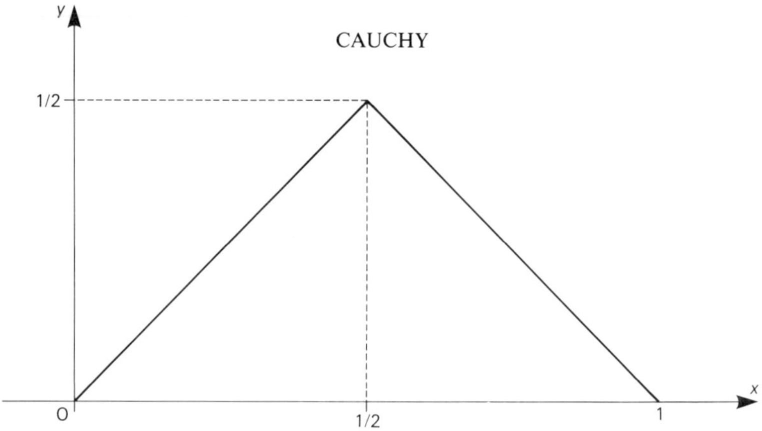

Fig. 10 - Continuité d'une fonction selon Euler et selon Cauchy. La fonction f définie sur [0, 1] par $f(x) = x$ pour $0 \leqslant x < \frac{1}{2}$ et $f(x) = 1 - x$ pour $\frac{1}{2} \leqslant x \leqslant 1$ est discontinue au sens d'Euler, car elle est définie par plusieurs expressions analytiques différentes sur [0, 1], mais elle est continue au sens de Cauchy.

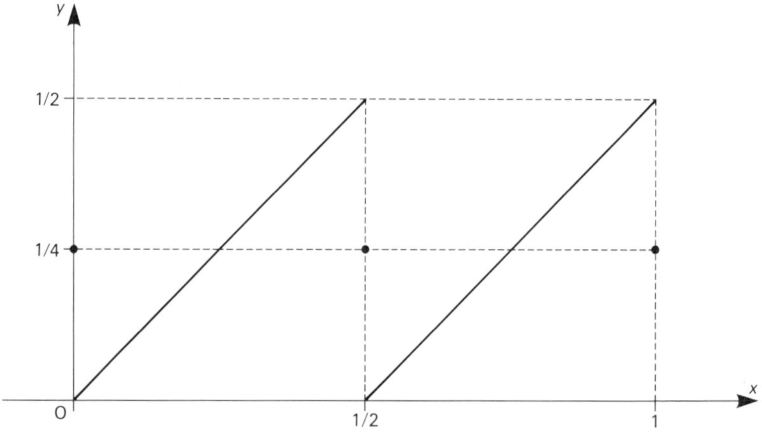

La fonction g, définie sur [0, 1] par $g(x) = \frac{1}{4} - \sum_{1}^{\infty} \frac{\sin 4\pi\, p(x)}{p}$, est continue au sens d'Euler, car elle est définie par une seule expression analytique sur [0, 1], mais elle est discontinue au sens de Cauchy aux points 0, 1/2 et 1. En fait, la définition d'Euler n'est pas pertinente : f peut en effet être définie sur [0, 1] par une seule expression analytique :

$$f(x) = \frac{1}{4} - \frac{2}{\pi^2} \sum_{0}^{\infty} \frac{\cos(2(2p+1)\pi x)}{(2p+1)^2}$$

alors que g peut aussi être définie par plusieurs expressions analytiques très simples dans [0, 1] :

$g(x) = x$ pour $0 < x < \frac{1}{2}$, $g(x) = x - \frac{1}{2}$ pour $\frac{1}{2} < x < 1$ et

$g(0) = g\left(\frac{1}{2}\right) = g(1) = \frac{1}{4}$.

de continuité et de continuité uniforme. Une fonction continue est uniformément continue dans un intervalle si *le même* accroissement infiniment petit de la variable dans tout l'intervalle y produit un accroissement infiniment petit de la fonction. De fait, dans ses démonstrations, Cauchy considérait généralement une fonction continue dans un intervalle comme uniformément continue, ce qui est vrai pour une fonction continue dans un intervalle fermé borné. Il fallut attendre 1872 pour que Heine élucide définitivement la notion de continuité uniforme.

Cauchy utilisait encore la notion de limite pour étudier la convergence des séries, auxquelles il consacrait une grande partie de son *Analyse algébrique*. Il commençait par donner une définition formelle d'une série : c'est une suite indéfinie de quantités réelles ou imaginaires u_0, u_1, u_2, u_3, etc. « qui dérivent les unes des autres suivant une loi déterminée ». La série est convergente si les sommes partielles

$$s_n = u_0 + u_1 + u_2 + u_3 + \ldots + u_{n-1}$$

tendent vers une limite finie pour n toujours croissant. Sinon, la série est divergente. Cauchy donnait de nombreux critères de convergence devenus aujourd'hui classiques, en particulier pour les séries à termes positifs et les séries entières. Le critère le plus général et le plus profond était celui appelé aujourd'hui « critère de Cauchy », qu'il donnait sans démonstration : une série est convergente si et seulement si, pour des valeurs croissantes de *n*, « les sommes des quantités u_n, u_{n+1}, u_{n+2}, etc. prises, à partir de la première, en tel nombre que l'on voudra, finissent par obtenir constamment des valeurs numériques (c'est-à-dire des normes) inférieures à toute limite assignable. »

Cette étude systématique de la convergence des séries était alors une absolue nouveauté dans l'enseignement, très critiquée d'ailleurs à l'École Polytechnique. Bien plus, les seules démonstrations rigoureuses de convergence publiées avant l'*Analyse algébrique* avaient été celles de la série hypergéométrique par Gauss en 1813 et de la série du binôme par Bolzano en 1816. Les mathématiciens français, en particulier Laplace que Cauchy critiquait sans le nommer dans l'introduction de son cours, négligeaient complètement ce genre d'étude.

Cauchy appliquait ses méthodes à la série du binôme, de terme général

$$\frac{\mu (\mu - 1) (\mu - 2) \dots (\mu - n + 1)}{n!} x^n$$

où μ est un nombre réel quelconque, convergente pour $|x| < 1$ et de somme $\varphi(\mu)$. Il montrait que $\varphi(\mu)$ est une fonction continue de μ telle que $\varphi(\mu) \,.\, \varphi(\mu') = \varphi(\mu + \mu')$. Cette relation implique que $\varphi(\mu) = \varphi(1)^\mu$. Puisque $\varphi(1) = 1 + x$, il obtenait alors l'égalité

$$1 + \frac{\mu}{1!} x + \frac{\mu (\mu - 1)}{2!} x^2 + \dots$$

$$+ \frac{\mu (\mu - 1) (\mu - 2) \dots (\mu - n + 1)}{n!} x^n + \dots = (1 + x)^\mu$$

pour $|x| < 1$. De la série du binôme, Cauchy déduisait le développement de e^x pour tout x et celui de $\log(1 + x)$ pour $|x| < 1$.

Le Calcul infinitésimal de 1823[1]

Le *Résumé des leçons données à l'École Royale Polytechnique sur le calcul infinitésimal* de 1823 appliquait les concepts fondamentaux de limite, d'infiniment petit et de continuité au calcul différentiel et intégral. Le concept-clé était celui de dérivée d'une fonction continue d'une variable réelle $f(x)$, c'est-à-dire la limite du rapport aux différences $[f(x + h) - f(x)]/h$ quand h tend vers 0, notée $f'(x)$ d'après Lagrange. Cauchy ne mettait pas en doute que cette limite existe quand f est continue ; en d'autres termes que toute fonction continue est dérivable. La définition de la dérivée par Cauchy est identique à celle du coefficient différentiel donnée par Lacroix mais le contexte est tout différent. Pour Lacroix, toute fonction est développable en série entière et c'est ce développement qui permet de calculer effectivement le coefficient différentiel, c'est-à-dire le coefficient du second terme de la série. Dans le *Calcul infinitésimal* de 1823, la méthode des limites permettait non seulement de définir mais aussi de calculer la dérivée. Cauchy donnait des règles de calcul, par exemple pour le calcul de la dérivée d'une fonction composée. De la notion de dérivée, il déduisait ensuite celle de différentielle $\mathrm{d}f(x)$ d'une fonction d'une seule variable

1. *O.C.*, 2, IV, pp. 5-261.

$f(x)$, égale à $f'(x)\mathrm{d}x$ où la différentielle dx est une constante quelconque.

En introduisant le calcul différentiel par la méthode des limites, Cauchy n'avait pas à supposer une fonction continue toujours développable en série entière, comme l'avaient fait ses prédécesseurs. C'était là, en vérité, la raison profonde du choix de cette méthode. Lagrange avait cru démontrer la convergence du développement d'une fonction en un point, mais, confondant développement asymptotique et développement en série, il montrait seulement que, dans la formule de Taylor (2), le reste $R_n(x, i)$ est négligeable par rapport au dernier terme du développement quand i tend vers 0 ; en outre, sous-estimant les différences entre le point de vue formel et le point de vue numérique, il ne cherchait pas à déterminer l'intervalle de convergence de la série de Taylor en un point. Cauchy était conscient de ces insuffisances ; bien plus, il avait présenté dans un mémoire de 1822 l'exemple de la fonction $\exp(-1/x^2)$ prolongée au point 0 par continuité, dont la série de Taylor en ce point converge identiquement vers 0, car elle s'y annule avec ses dérivées, alors qu'elle est strictement positive pour $x \neq 0$. Dans ces conditions, il n'était plus possible d'affirmer *a priori* que toute fonction est analytique.

Pour remplacer la formule (3) qui permettait à Lacroix de représenter l'accroissement d'une fonction par un développement en série et de définir la différentielle, Cauchy démontrait le théorème des accroissements finis : si f est une fonction continûment différentiable entre x et $x + i$, il existe un nombre réel positif $\theta < 1$ tel que

$$f(x+i) - f(x) = if'(x+\theta i) \qquad \text{(fig. 11)} \qquad (5)$$

Il déduisait cette formule, par application du théorème des valeurs intermédiaires énoncé dans l'*Analyse algébrique,* de l'inégalité

$$\inf_{x \in [x_0, X]} f'(x) \leqslant \frac{f(X)-f(x_0)}{X-x_0} \leqslant \sup_{x \in [x_0, X]} f'(x) \qquad (6)$$

qu'il croyait vérifiée pour toute fonction continue (et donc dérivable selon Cauchy) entre x_0 et X.

Mais sa démonstration de l'inégalité (6) était fondée elle-même sur une proposition généralement inexacte :
si f est une fonction continue (et donc dérivable selon Cauchy) entre x_0 et X et si ε est un nombre positif aussi petit que l'on

veut, il existe, affirme Cauchy, un nombre positif δ tel que, pour tout i inférieur à δ et pour tout x entre x_0 et X

$$f'(x) - \varepsilon \leqslant \frac{f(x+i) - f(x)}{i} \leqslant f'(x) + \varepsilon$$

En fait cette inégalité n'est vérifiée pour tout x entre x_0 et X que si la dérivée f' est uniformément continue entre ces deux nombres (ou continue dans l'intervalle fermé borné $[x_0, X]$). La confusion entre continuité et continuité uniforme, comme le montre cette erreur, était un des points faibles du cours de Cauchy. Quoi qu'il en soit, le théorème des accroissements

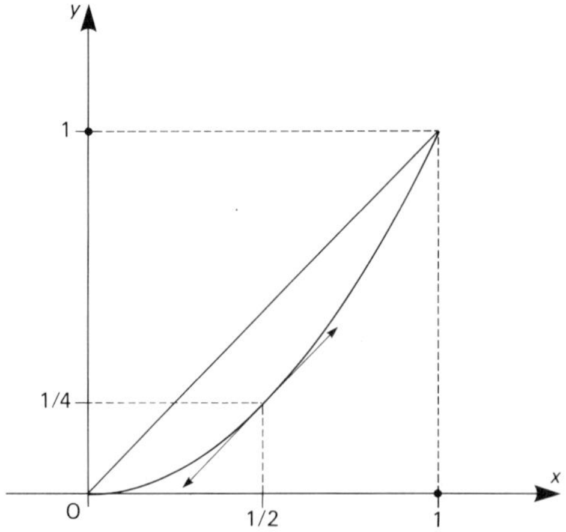

Fig. 11 - Le théorème des accroissements finis appliqué à $f(x) = x^2$ entre 0 et 1. D'après le théorème des accroissements finis, si f est une fonction continue dans $[x_0, X]$ et dérivable dans $]x_0, X[$, il existe un point x de $]x_0, X[$ tel que

$$f(X) - f(x_0) = (X - x_0) f'(x)$$

Géométriquement, cela signifie que la tangente en un point au moins du graphe de f, distinct des extrémités, est parallèle à la corde joignant ces extrémités. La démonstration donnée par Cauchy en 1823, seulement pour une fonction continûment différentiable dans $[x_0, X]$, illustre ses nouvelles méthodes et met en évidence la confusion qui subsiste entre continuité simple et continuité uniforme.

finis, constamment utilisé dans la suite, apparaissait maintenant comme le théorème central du calcul différentiel.

Cauchy consacrait la deuxième partie de son *Calcul infinitésimal* au calcul intégral, considéré par les mathématiciens du XVIIIe siècle comme l'inverse du calcul différentiel et introduit jusque-là au moyen des fonctions primitives. Il commençait par donner une définition nouvelle et rigoureuse de l'intégrale d'une fonction continue. Transformant une méthode de calcul approché exposée déjà par Euler en théorème d'existence et adoptant une notation proposée par Fourier, il définissait l'intégrale définie

$$\int_{x_0}^{X} f(x)\,dx$$

comme la limite, quand on subdivise indéfiniment l'intervalle $[x_0, X]$, des sommes

$$(x_1 - x_0)f(x_0) + (x_2 - x_1)f(x_1) + \ldots + (X - x_{n-1})f(x_{n-1})$$

ou bien

$$(x_1 - x_0)f(x_1) + (x_2 - x_1)f(x_2) + \ldots + (X - x_{n-1})f(X)$$

avec $x_1, x_2, x_3, \ldots, x_{n-1}$ compris entre x_0 et X (fig. 12).

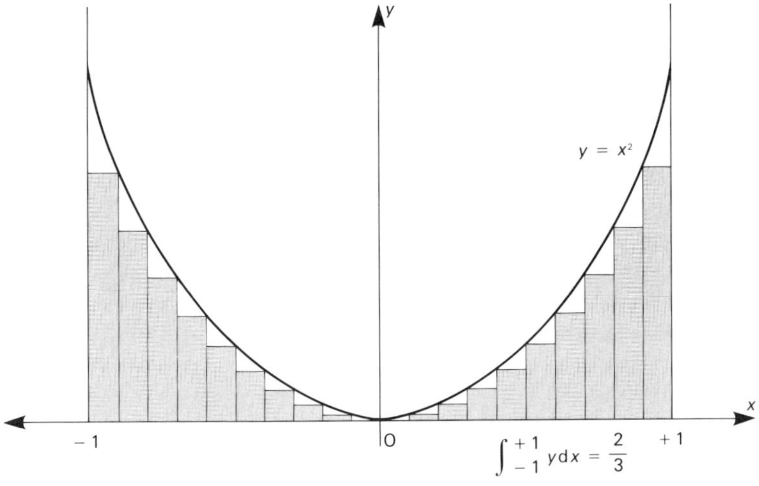

Fig. 12 - L'intégrale de Cauchy d'une fonction continue. On peut représenter géométriquement la définition de l'intégrale d'une fonction continue comme limite des sommes de Riemann ; la valeur de l'intégrale est égale à la limite de la surface de tous les rectangles quand leur nombre tend vers l'infini et que leur largeur tend vers 0.

La démonstration d'existence péchait comme celle du théorème des accroissements finis, par manque du concept de continuité uniforme.

Cauchy reléguait à la fin de la deuxième partie du *Calcul infinitésimal* la démonstration de la formule de Taylor, considérée par Lagrange et Lacroix comme la base du calcul différentiel. Il établissait d'abord, pour une fonction continûment différentiable jusqu'à l'ordre n, la formule de Taylor avec reste intégral, puis, par application du théorème des accroissements finis, il en déduisait la formule de Taylor avec reste de Lagrange. L'étude du reste $R_n(x, i)$ et les résultats obtenus pour les séries entières dans l'*Analyse algébrique* lui permettaient d'établir plusieurs critères de convergence pour les séries de Taylor des fonctions indéfiniment dérivables dans un intervalle. Mais c'est seulement en 1831, dans le cadre de la théorie des fonctions d'une variable complexe, que Cauchy parvint à établir une condition nécessaire et suffisante d'analycité pour une fonction donnée.

Conscients cependant de l'importance de la formule de Taylor en analyse et en particulier dans le calcul différentiel, Cauchy proposa un peu plus tard une nouvelle démonstration, n'utilisant pas le calcul intégral, qu'il publia en addition dans son *Calcul infinitésimal* et qu'il reprit en 1829 dans ses *Leçons sur le calcul différentiel*[1].

Les ouvrages d'enseignement de Cauchy furent rapidement traduits en allemand et en russe et eurent une influence considérable non seulement en France mais à travers toute l'Europe. Malgré des insuffisances, son cours à l'École Polytechnique fixait ainsi pour longtemps les cadres de la nouvelle analyse.

---

1. *O.C.*, 2, IV, pp. 263-615.

CHAPITRE IV

Exil

Cauchy avait 40 ans lorsqu'éclata la Révolution de juillet 1830. Cet événement marqua un tournant capital dans sa vie et une brutale rupture dans sa production mathématique. Un mois après l'abdication de Charles X en faveur de son petit-fils, le duc de Bordeaux, il quittait Paris et la France, pour un exil volontaire qui devait durer huit années. En choisissant l'émigration, il allait jusqu'au bout de son engagement politique.

Un congréganiste à l'Académie

Cauchy avait pendant la Restauration combattu l'opinion libérale et défendu les Jésuites sans se ménager. Ses convictions politiques s'étaient affirmées au cours des années. Il s'était contenté, dans les débuts, de participer avec zèle aux œuvres de la Congrégation à laquelle il appartenait depuis 1808. La Congrégation avait multiplié ses œuvres après 1816 par l'intermédiaire de ses « filiales », c'est-à-dire de sociétés spécialisées qu'elle avait fondées et qu'elle contrôlait. La première filiale fut la Société des Bonnes Œuvres, que Cauchy avait contribué à créer en 1816. On y exerçait trois pratiques charitables, la visite des hôpitaux, la visite des prisons et le catéchisme aux jeunes ramoneurs. L'activité de Cauchy y était inlassable. Lamennais, avec qui il s'était lié, sans doute par l'intermédiaire de Teysseyrre, le comptait, dans une lettre de juillet 1818, parmi ceux qui n'étaient occupés du matin au soir que de bonnes œuvres.

Cauchy s'engagea de plus en plus résolument sur le terrain politique au cours des années suivantes. Depuis l'assassinat du duc de Berry en février 1820, le régime, rompant avec la politique libérale menée pendant la période précédente, s'était orienté dans un sens de plus en plus réactionnaire. Plus que tout autre chose, ce fut la politique dite d'« alliance du trône et de l'autel » qui suscita alors les passions. La droite ultra, influencée par les idées de Maistre, Bonald et Lamennais, considérait la Révolution comme « satanique en son essence ». Il fallait, pour rétablir l'ordre politique et civil traditionnel, renversé depuis 1789, s'appuyer sur la Religion. Peu ou prou, une partie de la Contre-révolution aspirait ainsi à une sorte de théocratie purificatrice. Le Roi lui-même, extrêmement pieux, désirait voir rétablies les prérogatives de la Religion catholique. La loi sur les sacrilèges, celle sur les congrégations religieuses de femmes, qui permettait de leur donner un statut légal par simple ordonnance royale et l'organisation solennelle du sacre à Reims semblaient, en 1825, annoncer « le gouvernement des prêtres ». En province, les missions organisées par de nombreuses congrégations religieuses et appuyées par les autorités redoublaient de zèle pour ramener au culte et à la foi catholique les masses populaires. Cauchy, évidemment, se réjouissait d'une telle orientation. Il s'efforçait, dans la mesure de ses moyens, d'y apporter une contribution. Il participa en août 1824 à la fondation de la Société catholique des Bons Livres, créée pour financer les « bons livres », les répandre et les distribuer à faible prix. Le duc Mathieu de Montmorency et, après sa mort, le duc de Rivière présidèrent la Société. Cauchy en était un des cinq directeurs, avec l'abbé de Salinis, un proche de Lamennais, l'abbé Perreau, grand aumônier des Chevaliers de la Foi, l'abbé Dufriche des Genettes, curé de l'église des Missions étrangères, et Laurentie, journaliste à *la Quotidienne*.

A l'Académie, il s'attachait aussi à combattre les opinions libérales et les doctrines contraires à la Religion. Le 19 juillet 1824, il intervint pour condamner la fameuse théorie des protubérances cérébrales du médecin suisse Gall. Débordant du cadre d'un pur débat scientifique, il déclarait :

« Je n'ai pas prétention de m'y connaître en anatomie. Mais j'avoue que j'ai été singulièrement étonné d'entendre ici faire l'éloge du système du docteur Gall sur le cerveau. On sait combien ses protubérances l'ont rendu ridicule dans le monde. Je ne pense pas qu'elles fassent fortune à l'Académie, et ce qui me le persuade, c'est que c'est précisément à cause de ces protubérances que l'Académie ne l'a jamais placé sur la liste des candidats pour les sections de médecine et

Cauchy jeune académicien. En 1816, Cauchy bénéficia des épurations entreprises à la seconde Restauration puisqu'une ordonnance royale le nomma, sans élection, membre de la section de mécanique de l'Académie des Sciences. Il avait 26 ans.
La gravure de Boilly, exécutée en 1821, le représente à 32 ans, à l'âge où il publie sa fameuse *Analyse algébrique. (Belin - J.-L. Charmet)*

d'anatomie. Et quel serait donc le principe si éminemment philosophique que M. Gall aurait découvert ? On a su de tout temps que le cerveau matériel est formé d'un grand nombre de pièces et on n'en a jamais douté avant le docteur Gall. Mais ce que le docteur Gall n'a jamais prouvé et ne prouvera jamais, c'est que la diversité des pièces du cerveau matériel anéantisse l'unité du moi, c'est qu'on puisse disséquer la pensée, et lui assigner des formes géométriques. C'est un principe que repoussent également et la véritable philosophie et les doctrines vitales sur lesquelles se fondent le repos et le bonheur de la Société. »

L'Académie n'apprécia guère cette intervention et Cauchy, à la demande du président, dut retirer ses affirmations concernant la candidature malheureuse de Gall à la section de médecine et d'anatomie. En vérité, Cauchy était isolé à l'Académie. La grande majorité des académiciens tenaient, par-dessus tout, à rester à l'écart des querelles philosophico-politiques et à demeurer sur le seul terrain scientifique.

Un peu plus tard, dans un rapport sur le mémoire d'un certain Souton présenté à la séance du 4 octobre 1824, Cauchy reprocha à l'auteur du mémoire d'avoir affirmé à tort, sur la foi de Voltaire, que Newton avait douté de l'existence de l'âme. Se lançant dans une digression, il attaqua Voltaire et fit un éloge de la Religion. Il n'en fallut pas davantage pour susciter des murmures parmi les académiciens et une polémique dans la presse. *Le Corsaire*, une feuille libérale, publia dans son numéro du 6 octobre, un article où l'auteur dénonçait « ce petit discours qui ressemblait plutôt à une édifiante homélie qu'à un rapport scientifique ». Et le journaliste ajoutait en persiflant :

« C'était une chose curieuse que de voir un académicien qui semblait remplir les respectables fonctions d'un missionnaire prêchant des infidèles. Mais ce qui n'était nouveau qu'au sein de l'Académie, c'était d'entendre un géomètre cherchant à prouver, non par des équations ou par des raisonnements solides, mais par des déclamations rebattues et tout à fait hors de saison dans un siècle éclairé, que le matérialisme a envahi le domaine des sciences, proposition dont il serait facile de prouver la fausseté ; et les noms de Voltaire et d'autres philosophes se sont trouvés placés, on ne sait comment, dans ce singulier sermon, qui a fini par devenir fort amusant. »

Le *Mémorial catholique* de Lamennais répondit à cet « article indécent » en rappelant les mérites de Cauchy :

« Lorsqu'à l'âge où la plupart des jeunes gens terminent à peine leurs premières études, on a été appelé, comme lui, à siéger dans la première académie du royaume, et qu'on n'a dû cette honorable distinction qu'à l'éclat d'un talent qui a devancé les années, on doit peu s'inquiéter des fades plaisanteries d'un Corsaire *de la littérature. »*

Mais la réputation de Cauchy était maintenant bien établie dans les milieux libéraux. C'était un inquisiteur au sein de

Félicité Robert de Lamennais (1782-1854). L'abbé de Lamennais était devenu célèbre en 1817 avec la publication de l'*Essai sur l'indifférence en religion,* dans lequel il présentait avec brio les thèses de la réaction catholique et ultraroyaliste. Il se lia alors avec Cauchy, probablement par l'entremise de Teysseyrre. Tous deux participèrent en 1828, après la dispersion des jésuites, à la formation de l'*Association pour la défense de la religion catholique,* une machine de guerre contre les libéraux. Lamennais, dont la pensée évoluait alors rapidement et qui cherchait depuis 1829 à concilier catholicisme et liberté, comprit bientôt que cette entreprise commune était fondée sur un malentendu. La Révolution de 1830 sépara définitivement les deux hommes : tandis que Cauchy quittait la France pour un exil de huit années, Lamennais accueillait les événements avec enthousiasme et créait l'*Avenir,* premier organe du catholicisme libéral, avant de rompre avec l'Église en 1834. *(J.-L. Charmet)*

l'Académie. Stendhal résumait le personnage en une phrase définitive dans le numéro du 1er juin 1825 du *Courrier Anglais* :

« *M. Cauchy, de l'Institut, jésuite de robe courte, est aujourd'hui chargé de la mission honorable de traquer la physiologie, science qui a dernièrement été poussée si loin par les expériences de MM. Flourens, Magendie et Edwards.* »

Un peu plus tard, dans le numéro de novembre 1826 du même journal, Stendhal, se laissant aller à son imagination, rapportait à ses lecteurs un incident survenu à l'Académie :

« *Il y a quelque temps un naturaliste, dont je tais le nom de peur de lui nuire, a lu un mémoire sur les phénomènes qui peuvent être observés dans la vie de certains insectes. Le sujet, en lui-même d'un haut intérêt, était traité d'une façon fort spirituelle. A la fin de sa lecture, on entendit un murmure d'approbation, sur quoi M. Cauchy se leva et fit remarquer que l'Académie ne devait pas honorer de ses applaudissements ce curieux exposé de la vie animale. "Même en admettant que les choses que l'on vient de nous dire soient aussi vraies que je les crois fausses, dit M. Cauchy, il n'est pas convenable de communiquer de telles vérités au public, étant donné l'état funeste où notre malheureuse Révolution a jeté l'opinion publique. De tels propos pourraient porter préjudice à notre sainte religion. Ils montrent trop nettement l'influence des causes physiques et ils tendent à affirmer les méchantes doctrines de Cabanis." On accueillit avec de grands éclats de rire les paroles de M. Cauchy qui est le Quatremère de l'Académie des sciences.* »

L'anecdote, où le ridicule le disputait à l'odieux, était piquante ; l'examen des procès-verbaux de l'Académie montre pourtant qu'elle n'était qu'une invention malveillante, inspirée sans doute par l'intervention de Cauchy, en 1824, à propos du système de Gall. Stendhal poursuivait, sur le même ton ironique, ses attaques diffamatoires contre le savant :

« *Ce brave homme, qui est fort entreprenant et qui semble bien vouloir être un martyr du mépris, a demandé à la séance de lundi dernier que l'Académie retire de sa bibliothèque tout livre teinté d'esprit philosophique. Jusqu'ici l'Académie n'a pas osé répondre à la demande de M. Cauchy. Plusieurs hommes de science, dont l'exis-*

tence dépend des traitements de quelques places insignifiantes, ont dû refuser de publier leurs récentes découvertes physiologiques, de peur d'être accusés de jeter une lumière nouvelle sur les rapports du physique et du moral de l'homme. »

Ce n'était encore que ragot sans le moindre fondement, du genre de ceux que nourrissait chaque jour dans la presse la polémique haineuse entre ultras et libéraux.

Cependant, le cléricalisme, dont Cauchy se faisait le champion à l'Académie, provoquait la colère du mouvement libéral, inquiétait la bourgeoisie attachée dans son ensemble aux principes de 89 et indisposait une partie du petit peuple, en particulier dans les villes. L'enjeu était clair : le clergé allait-il à travers l'enseignement, la presse et la législation, reprendre, avec l'appui de l'État, le contrôle idéologique de la société civile ? Les libéraux trouvèrent, paradoxalement, des alliés dans les rangs des royalistes ultras attachés aux traditions gallicanes et hostiles au rôle grandissant des congrégations qui agissaient hors du contrôle de l'Église de France. En février 1826 parut, sous le titre de *Mémoire à consulter sur un système religieux et politique tendant à renverser la religion, la société et le trône*, un pamphlet écrit par un vieux gentilhomme auvergnat, le comte de Montlosier, royaliste réactionnaire et gallican, qui fut comme le signal d'une vaste campagne anticléricale. Les libéraux et les gallicans, alliés à cette occasion, dénonçaient le rôle occulte du « parti-prêtre », dont les instigateurs auraient été les jésuites, l'instrument la Congrégation, la doctrine l'ultramontanisme et le but l'instauration d'une théocratie. La presse libérale, les députés de l'opposition et de multiples libelles développaient et popularisaient le thème du complot clérical et réclamaient la dissolution de la Congrégation et la dispersion des jésuites. Malgré l'illégalité des « maisons » jésuites non déclarées, le ministre des affaires ecclésiastiques de Villèle, Mgr Frayssinous, pourtant suspect aux yeux des ultramontains, défendit la Compagnie de Jésus et les jésuites purent continuer et même développer leurs activités : en 1826, on comptait 476 jésuites en France, deux noviciats et huit petits séminaires confiés à des jésuites par des évêques, en réalité des collèges, dont le plus célèbre était celui de Saint-Acheul. Leur pouvoir se prolongeait par la Congrégation sur laquelle ils exerçaient une influence incontestable et qui comptait alors près de 1200 membres, haut placés dans la société.

La position des ultramontains devenait néanmoins précaire, face à la double offensive gallicane et libérale, comme le montra par exemple la grave crise entre la Société des Bons Livres, dont Cauchy était un des directeurs, et le grand maître de l'Université, Mgr Frayssinous. La Société, à l'initiative de Gerbet et de Laurentie, projetait de créer une *Encyclopédie catholique des sciences* à laquelle, bien sûr, Cauchy aurait participé. L'abbé Clausel de Coussergues, membre du Conseil royal de l'Instruction publique et gallican ardent, inspiré par Frayssinous, attaqua violemment ce projet et la Société dans trois libelles. Clausel s'en prenait tout particulièrement à Laurentie, grand adversaire de l'Université et de la censure. Cauchy offrit alors, avec Salinis, Perreau et Laurentie, sa démission de directeur de la Société au duc de Rivière pour protester contre la publication de ces pamphlets. Après diverses tractations, Laurentie dut quitter la direction de la Société et les autres directeurs, dont Cauchy, reprirent leurs responsabilités. La Société, qui avait perdu à la suite de cette affaire la protection ministérielle, déclina alors peu à peu.

Les jésuites disposaient toujours, malgré ces difficultés, de l'appui du Roi et de son ministre Villèle. Mais la politique réactionnaire et cléricale du ministère isolait de plus en plus le pouvoir qui, faute de mieux, cherchait à réprimer les opposants, en particulier dans la presse, par des mesures policières et administratives inefficaces et impopulaires. Aussi, les adversaires de Villèle, libéraux et gallicans, remportèrent-ils facilement les élections anticipées de novembre 1827 ; les classes censitaires désavouaient le parti ultra et sa politique irréaliste de réaction. Pour calmer les libéraux, le nouveau chef du ministère, Martignac, obtint du Roi en juin 1828 deux ordonnances plaçant les écoles ecclésiastiques sous le contrôle de l'Université et interdisant d'enseigner aux membres d'une congrégation religieuse non autorisée. C'était interdire les jésuites, qui se soumirent et se dispersèrent.

Quelques jours avant cette décision, les responsables de la Société des Bons Livres, parmi lesquels Cauchy, fondèrent l'Association pour la défense de la religion catholique dont l'objet était de « réunir les efforts de tous les gens de bien pour la défense de la religion catholique ». L'Association comportait un conseil général de 46 membres et un directoire, dont Cauchy était membre. L'ambition des dirigeants était de fonder un véritable parti ultramontain qui défendrait les intérêts de l'Église et organiserait dans l'opinion la propagande antilibérale et catholique. Les gallicans voyaient évidemment cette entreprise d'un très mauvais œil. En participant à la création de cette Association, Cauchy franchissait un pas nouveau dans l'engagement politique. A l'Institut, auprès des savants qu'il fréquentait, il cherchait à recruter des partisans pour son combat. Jacques Binet entra dans l'Association ; Ampère accepta de « diriger » avec Cauchy les classes préparatoires aux Écoles du collège de Juilly, fondé pour recueillir les élèves des écoles secondaires jésuites fermées en 1828, et dont l'aumônier était l'abbé de Salinis, un des directeurs de l'Association.

En mars 1828, l'Association commença la publication d'un hebdomadaire, *Le Correspondant, journal religieux, politique, philosophique*, dirigé par Bailly. Lamennais était hostile à la publication du journal qui concurrençait le *Mémorial Catholique* qu'il avait fondé, mais, comme lui expliquait l'abbé de Salinis dans une lettre du 23 février 1829, « c'était une idée fixe de la plupart des associés ». En vérité, Lamennais était surtout déçu par la timidité de l'Association. Lui-même avait beaucoup évolué depuis un an : puisque la politique d'alliance du trône et de l'autel avait échoué, et que le développement du catholicisme était entravé par le monopole universitaire, la censure et l'administration royale, il fallait renoncer à l'idéal théocratique et miser sur la liberté. Dans son ouvrage publié en 1829 sous le titre *Des progrès de la révolution et de la guerre contre l'Église*, il commençait à associer la démocratie et la liberté au progrès du catholicisme. Ces idées ne pouvaient satisfaire les réactionnaires ultramontains. L'abbé de Salinis avait beau assurer Lamennais que Cauchy approuvait toute son œuvre « au degré où il la comprend », le divorce s'annonçait inévitable. L'Association, divisée par ses dissensions, semblait paralysée. En fin de compte, son œuvre fut des plus minces : quelques brochures en 1828 et le *Correspondant* qui hésita jusqu'à la Révolution de juillet 1830 entre les positions menaisienne et congréganiste.

La Révolution de 1830

Tout en condamnant l'agitation libérale, le *Correspondant* suivit avec de plus en plus d'inquiétude la politique menée par le gouvernement pendant les derniers mois de la Restauration. Charles X s'était constitué en août 1829 un ministère selon son cœur avec la Bourdonnaye à l'intérieur et Polignac aux affaires étrangères. Un an plus tard, le 26 juillet 1830, à la suite de la victoire des libéraux aux élections, parurent dans *Le Moniteur* les ordonnances suspendant la liberté de la presse, prononçant la dissolution de la chambre qui venait d'être élue et modifiant le régime électoral.

Ce coup d'état provoqua l'insurrection des Parisiens. Les premiers affrontements entre les insurgés et les troupes royales commandées par Marmont commencèrent dès le lendemain. Pendant trois jours, les trois Glorieuses, Paris, hérissé de barricades, fit le coup de feu : le 29 juillet, les Tuileries tombaient aux mains des insurgés ; Marmont dut évacuer Paris, livré à la Révolution. La grande bourgeoisie libérale et ses chefs, Lafitte, Thiers, La Fayette, poussèrent alors en avant le duc d'Orléans, nommé par les députés Lieutenant général du royaume le 31 juillet et Roi des Français le 7 août. Pendant ce temps, Charles X quittait la France et embarquait à Cherbourg pour l'Angleterre avec sa famille. Le *Correspondant* accueillit cette Révolution comme un malheur trop prévisible. Il poursuivit sa parution après juillet, prenant comme devise « Liberté civile et religieuse », jusqu'à la création de *L'Avenir* par Lamennais. Celui-ci, profitant de la déconfiture des ultramontains congréganistes, fonda avec Montalembert, en novembre 1830, pour remplacer l'Association pour la défense de la religion catholique, une Agence générale pour la défense de la liberté catholique, que l'on peut considérer comme la première organisation du catholicisme libéral en France.

Cauchy ne prit pas la même direction. Engagé avec passion dans le combat antilibéral, il vécut les événements de 1830 non seulement comme une catastrophe nationale mais aussi comme un drame personnel. Il fut comme foudroyé. Son activité débordante au cours des années précédant la Révolution de 1830 l'avait épuisé physiquement et nerveusement, d'autant qu'il ne s'était jamais complètement remis de sa maladie de 1812 ; en août 1826, il avait envisagé une première fois d'effectuer, pour sa santé, un séjour d'un mois dans les Pyrénées en compagnie de Lammenais, victime lui aussi d'une affection nerveuse ; au cours des années suivantes, son état ne s'améliora guère, il faisait encore allusion à sa mauvaise santé dans une lettre à Libri de mars 1828, et pourtant il ne se permettait aucun repos. Bien au contraire, le rythme endiablé de sa production sembla encore s'accélérer pendant les derniers mois de la Restauration. Se souvenant de cette période, Cauchy écrivait lui-même à sa famille en 1831 :

« Je ne me hasarderai plus à travailler le soir comme j'ai eu la sottise de le faire il y a quelque temps, afin de mieux conserver la bonne santé dont je jouis maintenant. Sous ce rapport, j'ai beaucoup gagné à voyager car il est certain qu'au moment où j'ai quitté Paris je me sentais si faible, que je commençais à croire que je n'irais pas bien loin en continuant le même genre de vie. »

C'est donc un homme surmené intellectuellement et amoindri physiquement qui eut à affronter l'épreuve de la Révolution.

La haine antilibérale de Cauchy avait d'ailleurs atteint, pendant les semaines précédant les événements, un degré d'exaspération extrême. Il provoqua un incident à la Sorbonne le 13 juillet, jour des élections pour la chambre des députés dans le département de la Seine, raconté en ces termes par un journal libéral :

« M. Cauchy, membre de l'Académie des sciences, est électeur et vote à la 2e section du 7e collège, qui se réunit à la Sorbonne. Ce matin, M. Cauchy, appelé pour déposer son bulletin, a trouvé sur le bureau deux listes : l'une contenant les noms des membres du bureau provisoire et l'autre la liste des candidats portés au bureau définitif par l'opinion constitutionnelle. M. Cauchy a témoigné hautement son indignation de voir une liste des candidats libéraux affichés sous les yeux des électeurs royalistes, il s'est emparé de cette liste qu'il a froissée de sa main. M. le premier Président Séguier, qui se trouvait près de M. Cauchy, lui a adressé vivement la parole et lui a rappelé que, libre de voter pour qui il voudrait, il devait laisser aux autres électeurs la possibilité d'écrire correctement les noms des candidats de leur choix. M. Cauchy, ne tenant aucun compte de cette observation, a continué à parler et à gesticuler avec véhémence, chiffonnant de plus belle la liste des candidats au bureau définitif. M. Cropelet,

président de la section, s'est vu dans la nécessité de rappeler M. Cauchy à l'ordre et de l'inviter à remettre la liste sur le bureau et à se retirer après avoir voté.»

Quelques jours plus tard, il fut témoin de l'insurrection. Des barricades furent élevées dans le Quartier Latin ; des combats violents se déroulèrent place Saint-Michel, à quelques pas de la rue Serpente où il habitait. Ses élèves de l'École Polytechnique, enthousiasmés, participèrent activement au soulèvement : le 28 juillet, ils sortirent de l'École où ils étaient encasernés et prirent, en uniforme, la tête de petites troupes d'insurgés. Leur action fut un peu partout décisive, en particulier lors de la prise de la caserne de Babylone au cours de laquelle fut tué le polytechnicien Vanneau.

Passionné jusqu'à l'aveuglement, d'une émotivité extrême que dissimulait une raideur apparente mais que trahissaient souvent, comme le remarquèrent maints témoignages, un bredouillement et une gesticulation mal maîtrisés, traumatisé depuis l'enfance par l'idée même de révolution, Cauchy se décida dès le début du mois d'août à demander un passeport et à quitter Paris et la France pour fuir l'agitation politique. Pendant un mois, il n'assista plus aux séances de l'Académie. Jamais, depuis sa nomination en 1816, il n'avait été absent si longtemps. Le 30 août 1830, il vint une dernière fois à la séance hebdomadaire du lundi et dans les tout premiers jours du mois de septembre il quitta Paris pour l'étranger, laissant femme et enfants. Le 11 septembre 1830, son frère Alexandre écrivait au directeur général des Ponts et Chaussées pour expliquer son absence :

«Depuis une quinzaine de jours, mon frère qui ne se trouve retenu par aucun service actif dans le corps des Ponts et Chaussées, a profité des loisirs que lui laissaient les vacances de l'École Polytechnique et de la Faculté des Sciences pour faire en Suisse et en Italie un petit voyage que l'état de sa santé réclamait depuis longtemps.»

La famille de Cauchy ne voulait voir dans le départ du mathématicien que des raisons de santé. Pendant plusieurs

Les Polytechniciens en juillet 1830. Les élèves de l'École Polytechnique prirent une part active aux combats de Trois Glorieuses. Consignés à l'École dès le début des troubles, beaucoup firent le mur le 28 juillet pour rejoindre les insurgés. Le jeune Vanneau trouva la mort le lendemain, lors de la prise de la caserne Babylone. Cauchy fut très affecté par l'attitude de ses élèves et ceci pesa certainement dans sa décision de quitter la France, quelques jours plus tard. *(J.-L. Charmet)*

mois, elle continua de soutenir, devant l'administration qui s'inquiétait, qu'il ne s'agissait que d'un voyage de quelques semaines pour motifs personnels. Mais la prolongation de ce voyage au-delà du mois de septembre montre à l'évidence que le départ de Cauchy n'était pas justifié seulement par la nécessité d'un repos mais aussi par des considérations politiques.

La Révolution avait balayé la Congrégation et ses « filiales » qui disparurent aussitôt. Plus graves encore, les violences anticléricales, dont furent tout particulièrement victimes les jésuites : le 28 juillet, leur maison de Montrouge fut livrée au pillage. Ces graves incidents touchaient Cauchy de près. Peut-être abrita-t-il durant le mois d'août des jésuites qui se cachaient. Sans doute encore en accompagna-t-il certains sur la route de l'exil. Très vite enfin se posa le problème du serment.

La loi qui exigeait le serment de fidélité au Roi des Français de tous ceux qui voulaient remplir des fonctions publiques avait été votée par la Chambre le 30 août 1830. Les prestations de serment dans l'administration des Ponts et Chaussées, à l'École Polytechnique et à la Faculté des Sciences, se déroulèrent au cours des mois de septembre et d'octobre. Les partisans de Charles X s'étaient divisés sur le point de savoir s'il fallait ou non prêter serment. Une minorité de ces royalistes, se considérant comme liés par un engagement d'honneur de caractère féodal à leur souverain, regardait le serment comme une félonie. Cauchy en était. Il renonça donc irrévocablement, avec son entêtement coutumier, à toutes ses fonctions.

Sa famille, qui ne l'approuvait pas, chercha à retarder sa radiation en laissant croire qu'il rentrerait bientôt de son voyage. Mais, au bout de quelques mois, elle ne put l'empêcher. Cauchy perdit son poste de professeur-adjoint à la Faculté des Sciences en novembre 1830, celui de professeur titulaire à l'École Polytechnique en février 1831 et son titre d'ingénieur des Ponts et Chaussées quelques jours plus tard. Cauchy se distinguait ainsi une nouvelle fois du reste de sa famille. Son père Louis-François et ses deux frères cadets, Alexandre et Eugène, firent en effet leur soumission au nouveau régime qu'ils servirent avec autant de zèle que le précédent. Cette nouvelle contorsion politique leur donna d'ailleurs droit à huit girouettes dans le *Nouveau dictionnaire des girouettes* de 1832.

De Paris, Cauchy se rendit directement à Fribourg, en Suisse. Là s'était installée une petite colonie d'émigrés attirée par les avantages qu'offraient la proximité de la frontière française et la protection du gouvernement patricien du canton. Les jésuites y étaient très influents et ils y dirigeaient un collège renommé qui accueillait depuis 1827 de nombreux élèves français hébergés dans un pensionnat. A Fribourg, Cauchy lança avec l'appui des jésuites au début du mois d'octobre 1830 un projet d'« Académie helvétique ». Il s'agissait, d'après Cauchy lui-même, « d'ouvrir des cours où les jeunes gens qui auraient terminé leurs études, soit dans le collège de la ville, soit dans d'autres établissements, viendraient recevoir un complément d'instruction et apprendre les sciences philosophique et littéraire, les langues orientales, les sciences mathématiques... » ; il précisait que certains cours seraient assurés par des Français qui « après avoir mûrement réfléchi sur les conditions au prix desquelles les nouvelles lois de leur pays leur permettaient de conserver leurs chaires, ont résolu de rester fidèle au serment qu'ils avaient fait à Charles X ».

Pendant quelques semaines, Cauchy dépensa toute son énergie pour faire aboutir cette entreprise. Il lui fallait trouver des moyens financiers. Il rédigea et fit imprimer en octobre 1830 un prospectus de lancement. Pour obtenir le titre de fondateur de l'Académie helvétique, il fallait prendre une ou plusieurs actions de mille francs par an. Mais cette souscription dans le public ne pouvait permettre de rassembler des fonds suffisants. Cauchy essaya d'obtenir l'appui financier des souverains d'Europe les plus réactionnaires. Il se rendit au début du mois d'octobre à Turin et de là, à la fin du mois, à Modène où il rencontra le duc François IV qui lui promit son appui. Dans les derniers jours de novembre, il obtint à Gênes une audience du roi de Sardaigne pour lui présenter son projet. Il envoya aussi des pétitions à l'empereur d'Autriche et au tsar de Russie pour leur demander leur soutien. Cauchy établit, en même temps, une première liste d'enseignants pour cette Académie, composée de légitimistes en exil : outre lui-même, Charles-Louis Haller, professeur à l'École des Chartes, Joseph Récamier, professeur à l'École de médecine et au Collège de France, Henri-François Gaultier de Claubry et Jacques Clarion, professeurs à l'École de pharmacie, Charles-François Leroy et Menjaud de l'École Polytechnique, Meyraux du Collège de Bourbon, l'ingénieur Haranguier de Quincerot et le diplomate Horrer. Le projet semblait près d'aboutir, des fonds avaient été dégagés et les autorisations obtenues, lorsque, le 2 décembre 1830, à Fribourg, la « journée des bâtons » renversa le régime réactionnaire des patriciens au profit des libéraux. C'était la fin de l'Académie : le projet dut être abandonné.

Le séjour à Turin

Les mois suivant cet échec, jusqu'à l'automne 1831, constituent l'une des périodes les moins connues de la vie de Cauchy. Après son voyage en Italie et l'abandon de son projet d'Académie helvétique, il paraît s'être installé en Suisse. Les événements à Paris le dissuadèrent de rentrer : le 14 février 1831, une manifestation populaire mit à sac l'église de Saint-Germain l'Auxerrois, puis, le lendemain, le palais voisin de l'Archevêché. Un bref séjour à Paris au mois de mars paraît l'avoir convaincu, malgré les objurgations de sa famille, qu'il valait mieux pour lui rester éloigné de l'agitation parisienne. Il repartit donc en Suisse, toujours sans sa femme et ses enfants qui restèrent rue Serpente. La séparation se prolongea jusqu'en 1834, comme si Cauchy éprouvait le besoin de se retrouver seul pendant quelques années. Il est périlleux de sonder les cœurs, surtout lorsque manque presque tout témoignage mais on a le sentiment que son mariage, arrangé par ses parents, n'était pas très heureux et que la vie de ménage lui pesait. Quant à ses filles, il ne s'en était guère occupé. Cauchy profita de ces mois de solitude pour reprendre des forces. En juillet, il annonça au président de l'Académie que « l'état précaire d'une santé affaiblie par l'étude » l'obligeait à prolonger son absence « quelques temps encore ». Son activité scientifique était fort réduite. Entre 1830 et juin 1831, il publia trois petits articles d'analyse dans une revue milanaise, une vétille comparée au flot débordant des années précédentes.

C'est à Turin, où prospérait une petite colonie légitimiste protégée par le roi Charles-Albert, qu'il effectua sa rentrée mathématique. Il s'était installé dans cette ville au cours de l'été 1831 ; en octobre et novembre, il présenta devant l'Académie des Sciences de Turin, fondée par Lagrange, deux magnifiques applications de son calcul des résidus. L'arrivée de Cauchy était un événement important pour les sciences turinoises. L'exilé, soutenu par les jésuites, très influents à la cour, reçut un excellent accueil. Les portes de l'Académie lui étaient ouvertes pour y faire communication de ses mémoires. Mais surtout, on lui offrit une chaire à l'université pour y reprendre son enseignement interrompu en 1830.

Dès le 19 décembre 1831, le comte Gloria, président des études, invitait le roi Charles-Albert à rétablir la chaire de physique sublime de l'université de Turin où s'était illustré Avogadro et qui avait été supprimée après les événements de 1821 par le roi Charles-Félix. Le roi rétablit la chaire pour Cauchy le 5 janvier 1832. Celui-ci pouvait annoncer à sa famille le 11 janvier sa nouvelle position :

« Sur la demande de l'université de Turin, on a créé une chaire de physique sublime (c'est autrement dit la physique mathématique que j'enseignais au Collège de France), et je suis nommé pour enseigner cette science avec un traitement de mille écus pour commencer. »

Après sa nomination, il fit le 16 janvier une visite de remerciement auprès du roi où il lut un mémoire dans lequel, « il manifeste, écrivait Charles-Albert, des vues qui me paraissent fort sages et que je compte approfondir ». On ignore quand il commença son cours. Il n'est pas sûr qu'il ait enseigné pendant l'hiver 1832. Il entreprit en effet un voyage au cours du mois de mars qui le conduisit à Paris. Cauchy y assista aux trois séances de l'Académie, le 5, le 12 et le 19 mars et profita de sa présence à Paris pour présenter les deux mémoires de 1831. Il ne paraît pas être rentré directement à Turin, puisqu'il séjourna, au cours du même mois, deux semaines à Rome, à l'hôtel Cesari, où il rencontra le mathématicien romain Tortolini. Le pape Grégoire XVI lui accorda l'honneur d'une audience.

De retour à Turin, Cauchy hésita à rentrer en France. Sa famille le pressait de revenir. Son plus jeune frère, Amédée, était mort quelques mois auparavant, sa femme, Aloïse, et ses filles s'impatientaient sans doute. Eugène, son deuxième frère, se rendit à Turin, député auprès de lui par la famille pour hâter ce retour si désiré. On invoquait dans les lettres les raisons les plus capables de le toucher. Outre les considérations tirées de la famille, on lui représentait qu'après tout l'état de la France n'était ni aussi agité, ni surtout aussi désespéré qu'il se le figurait ; que le mouvement révolutionnaire se calmait peu à peu ; enfin, qu'en restant en dehors de toute position officielle, il retrouverait certainement le calme nécessaire à ses études. Hélas, alors qu'il paraissait disposé à céder, de nouveaux troubles éclatèrent à Paris. Les obsèques du général Lamarque, victime du choléra, furent l'occasion d'une insurrection républicaine les 5 et 6 juin 1832. Les combats, brefs mais très violents, firent de nombreux morts ; une répression extrêmement sévère s'abattit sur Paris. Cauchy saisit aussitôt le prétexte pour ne pas rentrer retrouver les siens.

La principale activité de Cauchy à Turin était son enseignement[1]. Un seul témoignage nous reste de son cours de physique sublime : celui, peu amène, de L.F. Menabrea, qui s'illustra plus tard en Italie non seulement comme ingénieur militaire mais encore comme ministre libéral. Les leçons de Cauchy n'étaient pas obligatoires mais, attirés par la grande réputation du professeur, de nombreux élèves s'y firent inscrire. L'enseignement se donnait alors à Turin dans des conditions très précaires. Le gouvernement craignait l'agitation des étudiants, qui n'étaient pas même autorisés à résider à Turin, et les professeurs donnaient uniquement des leçons privées. L'enseignement de Cauchy, d'après Menabrea,

> « *était toute confusion, passant tout d'un coup d'une idée, d'une formule à une autre, sans trouver le chemin de la transition. Son enseignement était un nuage obscur parfois illuminé par des éclairs de génie; mais il était fatigant pour des jeunes élèves, aussi, bien peu purent le suivre jusqu'au bout et de trente que nous étions au début du cours, je restais le dernier sur la brèche* ».

Cauchy n'était pas un bon pédagogue. Peut-être aussi fut-il victime des interventions souterraines de Plana, un mathématicien surtout connu pour ses recherches sur le mouvement de la lune, titulaire de la chaire d'analyse à l'université de Turin, qui, dès son arrivée, s'était heurté au nouveau venu. A en croire Menabrea, Plana se crut menacé par Cauchy qui aurait cherché à se faire attribuer l'une des charges qu'il occupait à Turin. Cette affaire, quelles que fussent les intentions véritables de Cauchy, montre la méfiance qui régnait entre les deux hommes. Plana ne cachait d'ailleurs pas son hostilité à la « nouvelle analyse hypertranscendante » développée par son concurrent.

L'éducation du duc de Bordeaux

Au commencement de l'été 1833, Cauchy reçut une lettre, datée du 22 juin à Teplitz (aujourd'hui Teplice), envoyée par le baron de Damas, gouverneur du duc de Bordeaux, le petit-fils de Charles X, en exil en Bohême. Elle était rédigée en ces termes :

1. Voir *O.C.*, 2, XV, pp. 412-447 et 2, X, pp. 9-187.

« Monsieur, vous pouvez être utile à l'éducation de M. le Duc de Bordeaux, et le Roi m'ordonne de vous l'écrire; S.M. désire qu'il vous soit possible de vous rendre immédiatement auprès de mon élève; vous serez chargé de l'enseignement des Sciences qui d'abord avait été confié à M. Barande. M. Barande vient d'être éloigné par des motifs qui nous affligent profondément, mais qui n'affectent ni son honneur, ni sa délicatesse : je vous devais cette explication, parce qu'il m'importe de ne pas donner lieu aux soupçons injustes qui pourraient s'élever dans cette occasion. Veuillez agréer, Monsieur, avec l'assurance de mon ancien attachement, celle de ma considération distinguée. »
Signé : le baron de Damas.

Cauchy reçut avec cette lettre officielle une seconde lettre, confidentielle et remplie d'expressions bienveillantes à son égard, qui se terminait par ces mots :

« J'ignore votre position personnelle, mais je connais vos sentiments : l'héritier de nos rois a besoin de vos services et je suis chargé de les réclamer. Veuillez agréer, Monsieur, l'assurance d'un attachement que je vous ai voué dans un temps meilleur et qui ne saurait varier. »
Signé : le baron de Damas.

Un post-scriptum suivait :

« Le Roi désire que vous vous rendiez à Prague et de là, à la campagne où sera S.M., le plus tôt possible. Écrivez-moi la route que vous prendrez et l'époque présumée de votre arrivée. Le Roi quittera Teplitz dans les premiers jours de juillet pour retourner à Buschtierad près de Prague; S.M. a lieu d'être satisfaite de son séjour ici. Les eaux lui ont fait du bien. »

Cauchy termina le 20 juillet son dernier examen à l'université de Turin et le lundi 22 juillet, il partit pour Prague avec l'accord des autorités piémontaises, via Genève, la Suisse et la Bavière. Une nouvelle vie commençait pour lui, qui allait durer plus de six années.

Pour comprendre la décision de Charles X, il faut expliquer la situation complexe de la petite cour qui entourait le vieux roi en exil à Prague. Après la Révolution de juillet 1830, Charles X et sa famille s'étaient d'abord réfugiés à Lullworth en Angleterre, puis à Holyrood en Écosse. Charles X avait abdiqué, ainsi que son fils, le duc d'Angoulême, en faveur de son petit-fils le duc de Bordeaux, le 2 août 1830 à Rambouillet ; mais il s'était déclaré régent le 27 novembre jusqu'à la majorité du duc de Bordeaux, c'est-à-dire jusqu'à l'anniversaire de ses treize ans, qui devait avoir lieu le 29 septembre 1833. Cette décision écartait la mère du duc de Bordeaux, Marie-Caroline, duchesse de Berry, dont se méfiait la famille royale. Cependant, la duchesse était bien décidée à agir en faveur de son fils ; installée en Italie, elle préparait un plan chimérique et grandiose, entourée de quelques aristocrates aussi légers qu'impétueux : il ne s'agissait, ni plus ni moins, que d'organiser un vaste soulèvement qui rétablirait la légitimité sur le trône. Charles X, mis au courant, désapprouva tout à fait cette entreprise, mais Marie-Caroline, encouragée par plusieurs chefs légitimistes parisiens, passa outre, malgré l'échec d'une première conjuration en février 1832. Elle débarqua secrètement en Provence le 29 avril ; dès le mois de juin, l'insurrection avait échoué et la duchesse dut se cacher à Nantes, après une rocambolesque équipée, pour échapper à la police de Louis-Philippe. Le 7 novembre, elle était arrêtée et enfermée, au scandale des légitimistes, dans la forteresse de Blaye.

On s'apitoya beaucoup, dans les salons du faubourg Saint-Germain, sur le sort malheureux de la « martyre de Blaye ». Mais quel désappointement lorsqu'on apprit, en février 1833, que la duchesse, remariée secrètement en Italie, était enceinte ! Charles X, qui avait quitté l'Écosse avec sa famille en automne 1832, pour s'installer à Prague, où l'empereur François II lui prêtait le château du Hradschin qui dominait la ville, rejeta tout à fait sa bru lorsqu'il apprit son remariage et sa grossesse. Le clan absolutiste, avec le cardinal de Latil, le baron de Damas, gouverneur du duc de Bordeaux, et surtout le duc de Blacas, confident de Charles X, l'emportait à la cour du vieux roi sur la faction libérale, Madame de Gontaut, gouvernante du duc de Bordeaux, le duc de Gramont, et Joachim Barande, directeur de l'éducation du duc, qui soutenait encore Marie-Caroline. En France même, les légitimistes étaient divisés ; beaucoup étaient scandalisés par les frasques de la duchesse, mais les plus actifs, ceux que l'on désignait du nom de Jeune France, continuaient de la soutenir. Chateaubriand se rendit à Prague pour y défendre sa cause. Ce fut un échec.

Le duc de Bordeaux (1820-1883). Né sept mois après l'assassinat de son père, le duc de Berry, et surnommé par les royalistes « l'enfant du miracle », le duc de Bordeaux était l'unique héritier de la branche aînée. Il suivit son grand-père, Charles X, sur le chemin de l'exil, en 1830. Élevé loin de sa mère, Marie-Caroline, le duc de Bordeaux fut confié à des précepteurs « ultras », comme Cauchy. Il devint à la mort de Charles X, en 1836, le chef du parti légitimiste. Resté sans enfant, le duc de Bordeaux qui avait pris entre-temps le titre de comte de Chambord, se réconcilia, en 1873, avec ses cousins d'Orléans, mais, contraint par une éducation étroite, il rata à cause de son intransigeance, une restauration qui paraissait alors imminente. *(J.-L. Charmet)*

Mais le différend dépassait largement la personne de la duchesse. Il s'agissait de savoir quelle éducation aurait celui qui monterait peut-être un jour sur le trône. Les partisans de Marie-Caroline pensaient qu'il fallait donner au duc de Bordeaux une éducation en rapport avec son siècle : que l'idéal monarchique se réconcilie enfin avec les principes de liberté. Chateaubriand rêvait, dans cette optique, de devenir le gouverneur d'Henri V. Les absolutistes de la cour ne l'entendaient pas de cette oreille : le duc de Bordeaux devait recevoir selon eux une éducation traditionnelle, toute imprégnée de religion. Ils reprochaient à Barande, malgré ses mérites reconnus, son esprit trop libéral. Dès janvier 1833, la décision de l'écarter avait été prise ; encore fallait-il le remplacer. Le marquis de Foresta, sous-gouverneur du duc, ramena de Rome au début du mois de juin deux jésuites, les pères Druilhet et Deplace, anciens professeurs au collège de Saint-Acheul. Le projet de Damas consistait à garder Barande, brillant polytechnicien et ingénieur des Ponts et Chaussées, pour enseigner au duc les mathématiques et les sciences naturelles, et à confier les autres matières aux deux jésuites. Barande refusa ce compromis et Charles X lui fit signifier son congé, faisant appel en même temps qu'à Billot, professeur de droit, à Cauchy, pour assurer l'enseignement des matières scientifiques. Après son renvoi, Barande resta en Bohême, où il s'illustra comme géologue. Mais son rôle à la cour était terminé.

Lorsque Cauchy arriva à Prague au cours du mois d'août, l'affaire venait cependant de rebondir... L'annonce de la nomination des deux jésuites comme précepteurs du duc de Bordeaux suscita une tempête de protestation en France : les légitimistes étaient consternés ; l'impopularité des jésuites était un fait reconnu et cette nomination apparaissait comme une véritable provocation. Sous la pression des légitimistes de France, Charles X se décida à chasser les deux jésuites : dès le mois d'août, le père Druilhet quitta Prague ; le père Deplace s'éloigna à son tour au mois de novembre ; le baron de Damas, désavoué par Charles X, offrit sa démission. Le clan libéral triomphait. Plusieurs aristocrates de la Jeune France vinrent à Prague pour la majorité du duc de Bordeaux, le 9 septembre 1833. En le reconnaissant comme Roi, ils espéraient le soustraire à l'influence conservatrice de Charles X et de sa famille ;

Le Hradschin de Prague domine la ville, comme on le voit sur cette gravure exécutée à l'époque où Cauchy vivait en Bohême. L'empereur François Ier d'Autriche avait prêté cet immense palais à Charles X, qui, après un séjour en Angleterre et en Écosse, s'y installa en 1832. La petite cour en exil y vécut jusqu'en 1836 ; elle dut alors quitter le Hradschin, où le nouvel empereur Ferdinand devait s'installer pour recevoir son investiture comme roi de Bohême, et partit pour Görz au Sud de l'Empire. *(B.N.)*

Chateaubriand se rendit lui aussi à Prague défendre une dernière fois la cause de la duchesse de Berry auprès du vieux Roi.

Cauchy ne savait pas, dans ces conditions, s'il pourrait rester à Prague ; le 24 septembre, il écrivait de Buschtiehrad au comte de l'Escarène pour lui faire part de sa situation :

« Pénétré de reconnaissance pour vos bontés et pour celles du Roi de Sardaigne, j'attendais avec impatience pour vous écrire l'instant où la question soulevée ici depuis quelques semaines serait complètement résolue. Malheureusement nous ne sommes pas encore sortis du provisoire, en sorte qu'il m'est impossible de dire si je resterai définitivement ici, ou si je retournerai à Turin faire le cours que S.M. a daigné me confier. Quoiqu'il en soit, il y a beaucoup d'erreurs et de faussetés dans tout ce que les journaux ont débité sur notre

compte. Le jeune héritier de nos Rois se porte à merveille, et ses sentiments, bien dignes d'un fils de Saint-Louis, sont ceux que vous trouverez exprimés dans une brochure publiée à Prague et dont je joins ici trois exemplaires. Je vous prie de vouloir bien offrir le premier à S.M. le Roi de Sardaigne comme un témoignage de ma reconnaissance, de mon dévouement et de mon respect, faire agréer le second à M. le comte de la Tour, et agréer vous-même le troisième, ainsi que le nouvel hommage, etc. »,

et il ajoutait en post-scriptum :

« *Veuillez bien, je vous prie, offrir mes très humbles respects à Madame la comtesse de l'Escarène, et me rappeler au souvenir des personnes qui ont la bonté de s'intéresser à moi, particulièrement à M. le chevalier d'Olry et au R.P. Grassi. Si je n'étais pas de retour à Turin le 1er novembre, il me semble que le R.P. Grassi pourrait très bien fournir à M. de Colegno un père capable de faire le cours ou une portion du cours en mon absence. Par exemple, le père Moigno ou même le père Lachaise. Le père Moigno connaît parfaitement toute la physique mathématique. M. d'Olry doit recevoir de Suisse un ou plusieurs exemplaires de la première édition de ma brochure.* »

Partie prenante dans les intrigues du parti absolutiste, il avait publié à Prague dès le mois de septembre une brochure sous le titre *Quelques mots adressés aux hommes de bon sens et de bonne foi* dans laquelle il annonçait son intention de participer à l'éducation du Prince :

« *L'amour des auteurs pour leurs propres ouvrages, l'ardeur avec laquelle ils se passionnent pour les théories qu'ils inventent, sont assez connus pour que l'on conçoive aisément combien il doit m'en coûter d'interrompre les travaux scientifiques que j'avais entrepris. Mais ce dont ma faiblesse aurait pu s'effrayer lorsque mon Roi était sur le trône et dans le palais des Tuileries, je ne saurais le refuser à mon Roi dans l'exil, à l'enfant du miracle portant la double couronne de la gloire et du malheur. Étranger au langage des cours et à l'art de flatter les grands, je n'apporte à mon Roi qu'un cœur fidèle et une vie sans reproches. Des amis m'avaient précédé dans ce pays tout nouveau pour mon inexpérience. Je ne les y retrouve plus. Si je ne consultais que mes propres forces, j'y verrais un nouveau motif pour craindre de me lancer dans une carrière si difficile, mais je le sais, la grande pensée qui préside à l'éducation du prince est une pensée morale et religieuse, qui, puisant ses inspirations aux sources les plus élevées, est la seule propre à former les grands princes et les grands rois. (...) J'oserai donc répondre à la voix qui m'appelle, et ne reculerai point devant les obstacles.* »

Charles X s'efforça en vain, après le renvoi des pères Druilhet et Deplace, de satisfaire les deux partis qui divisaient le mouvement légitimiste. Il nomma comme précepteur du duc l'évêque d'Hermopolis, Mgr Frayssinous, de la tendance absolutiste, qui confirma dans leurs fonctions à la fin de septembre les deux instituteurs, Cauchy et Billot, appelés à l'origine pour seconder les jésuites. Mais, en même temps, pour remplacer le baron de Damas, gouverneur démissionnaire, Charles X fit appel au marquis de La Tour-Maubourg de tendance plutôt libérale. Ce dernier renonça au voyage de Prague, pour des raisons de santé, et envoya à sa place, comme sous-gouverneur, le général d'Hautpoul qui arriva en Bohême au début du mois d'octobre. Dès son arrivée, le général d'Hautpoul se heurta à la sourde opposition de Billot et surtout de Cauchy. D'Hautpoul a raconté, dans ses souvenirs sur son séjour à Prague, l'accueil qui lui fut réservé :

« *J'appris que (...) M. Cauchy, appelé pour remplacer M. Barande et que je connaissais comme un savant distingué, était tout à fait du parti qui soutenait les jésuites contre l'opinion qui avait prévalu en France. (...) Je remarquai chez lui une grande réserve à mon égard. (...) Il allait souvent chez l'évêque d'Hermopolis, mais peu chez moi avec qui il paraissait embarrassé.* »

Le général d'Hautpoul prit officiellement ses fonctions de sous-gouverneur le 1er novembre 1833 ; on organisa à cette occasion une cérémonie officielle de présentation, à laquelle assistaient Mgr Frayssinous, le baron de Damas, d'Hautpoul, Cauchy, Billot et d'autres personnes de la maison du duc de Bordeaux. Cauchy en profita pour lire une déclaration au baron de Damas dans laquelle il ne cachait pas son hostilité à la décision prise contre les jésuites.

« *M. Cauchy tira de sa poche une feuille de papier,* raconte d'Hautpoul, *et lut un discours d'adieu préparé d'avance. Cette manière solennelle de prendre congé me parut assez bizarre, et le discours fut prononcé d'une voix tellement entrecoupée qu'il me fut impossible de bien saisir le sens et d'en comprendre la portée.* »

Voici la déclaration de Cauchy :

« Monsieur le baron, vous nous avez annoncé la détermination du Roi et la vôtre ; je dois maintenant vous faire connaître la mienne. Vous savez dans quelle position difficile je me trouve placé, non par ma volonté propre, mais par celle de la divine Providence. D'un côté le Roi et Mgr l'évêque d'Hermopolis comptent sur moi pour enseigner à l'héritier du trône de Saint Louis les sciences physiques et mathématiques, sans perdre de vue la Religion qui est la première de toutes les sciences. Le Roi, le Prince, Mgr d'Hermopolis pensent que sur ce point je peux être utile à l'enfant de la France ; et il me sera en effet bien facile de m'entendre à cet égard avec l'illustre orateur qui a si éloquemment défendu la religion dans ses conférences. D'un autre côté, en restant auprès de Mgr le duc de Bordeaux, je puis craindre de passer aux yeux du public pour avoir consenti, pour avoir contribué peut-être, à l'éloignement de deux personnes que Mgr le duc de Bordeaux, que le Roi lui-même, ont constamment honorées de leur confiance, et qui en étaient effectivement bien dignes, je veux dire M. le baron de Damas et M. l'abbé de Place. Cependant, Dieu voit mon cœur. Il sait bien que je déplore autant que Mgr le duc de Bordeaux l'éloignement de ces deux personnes qui étaient si chères au prince ; et si je pouvais me sacrifier aujourd'hui pour conserver l'une d'elles à Mgr, je n'hésiterais pas, dans l'intérêt de Mgr, à faire ce sacrifice. Mais la Providence ne le permet pas, et dans cette conjecture, ne voulant, ni être accusé faussement de ce dont on n'a pas craint d'accuser Mgr lui-même, ni refuser à un prélat que j'estime et que j'honore la coopération qu'il attend de moi, je me borne à déclarer :

1° — Que je suis complètement étranger à la mesure qui prive Mgr le duc de Bordeaux de l'utile appui de M. le baron de Damas et de M. l'abbé de Place.

2° — Que je ne partage point contre les jésuites les absurdes préjugés dont vous connaissez toute l'injustice, préjugés que Mgr l'évêque d'Hermopolis a combattus à la tribune et dont le siècle lui-même commence à rougir.
Je me plais à faire publiquement cette déclaration pour obéir à ma conscience et afin de mettre mon honneur à couvert. Du reste je ne refuse point de rester comme instituteur auprès du Prince, Mgr l'évêque d'Hermopolis étant précepteur ; et il me sera bien doux de compter au nombre de mes collaborateurs un digne magistrat qui a puisé lui-même dans la religion catholique ce noble courage, cette force invincible que la France entière a si bien eu lieu d'admirer dans un mémorable procès. »

Loin de s'améliorer, les relations entre le général et Cauchy ne cessèrent de se détériorer au cours des semaines suivantes. Leurs conceptions pédagogiques étaient absolument opposées : le premier souhaitait donner au jeune Prince une éducation dans le siècle; le second imprégnait son enseignement de considérations religieuses et faisait preuve à l'égard de son prestigieux élève d'une indulgence que d'Hautpoul jugeait coupable. De plus, il ne cessait de regretter tout haut le départ des jésuites. La rupture définitive éclata en février 1834, lorsque d'Hautpoul apprit la publication par Cauchy dans la *Gazette du Lyonnais* de ses adieux à M. de Damas. Furieux, il convoqua le précepteur et lui demanda des explications auxquelles Cauchy répondit d'une manière assez évasive. D'Hautpoul réclama alors à Mgr Frayssinous le départ de Cauchy. Ne l'obtenant pas, il offrit sa démission et quitta Prague le 20 février 1834. Par la suite, les gouverneurs se succédèrent; mais l'éducation véritable du Prince fut assurée par Mgr Frayssinous et son adjoint l'abbé Trébuquet, aidés par quelques précepteurs, Billot, Clouet, Montbel, etc., et Cauchy pour les sciences exactes. Ce dernier, assuré depuis le départ du général d'Hautpoul de poursuivre l'éducation scientifique du duc de Bordeaux, fit venir sa femme et ses filles au Hradschin en 1834. Sa tâche de précepteur occupait l'essentiel de son temps. Il s'employait, avec autant d'ardeur que de maladresse, à inculquer à son illustre élève les éléments de la Science. Quelques temps après son arrivée à Prague, sa femme, Aloïse, écrivait à sa famille :

« On ne saurait être dans une position plus agréable que la sienne; mais en même temps je dois dire, pour la justification des reproches que nous lui faisions de ne pas écrire, qu'il n'a pas un instant à lui. Je ne le vois guère qu'à l'heure du dîner et quelques moments le soir. Dans la matinée, les leçons qu'il donne, celles auxquelles il assiste, les promenades dont il est presque toujours, ne lui laissent qu'à peine le temps d'ajouter chaque jour quelques mots ou signes algébriques à un mémoire qu'il compose en ce moment et qu'il compte envoyer à l'Académie dès qu'il sera terminé. »

D'après Hautpoul, Cauchy enseignait chaque jour, en 1833 du moins, les mathématiques une heure de 8 h 15 à 9 h 15, et les autres sciences, la physique et la chimie, une heure de 5 h à 6 h ; le samedi avait lieu chaque semaine un examen auquel assistaient les familiers du Prince. Cauchy préparait très soigneusement ses cours. Il rédigea, d'après Moigno, sur des bases nouvelles des traités élémentaires d'arithmétique et de géométrie. Son imagination mathématique l'amenait à rechercher des méthodes originales ; par exemple, il inventa, à l'occasion de son enseignement, un nouveau système décimal rendant plus aisé le calcul mental. Quel fut le succès de Cauchy auprès de son élève ? Le Prince montrait peu de dispositions et de goût pour les mathématiques, et Cauchy se révélait une nouvelle fois médiocre pédagogue. Les deux seuls témoignages dont nous disposons concordent sur ce point. Le premier, celui d'Hautpoul, bien qu'émanant d'un homme qui s'était opposé à Cauchy, paraît digne de foi. Il nous montre Cauchy en 1833, peu de temps après son arrivée à Prague, tentant de séduire le Prince pour le détacher de l'influence du général et du souvenir de Barande.

Bravant les avanies de son insupportable élève, indifférent au ridicule, il faisait preuve d'une héroïque patience. Au cours des promenades, « le Prince lui jouait des tours qui passaient souvent les bornes d'une simple plaisanterie ». Un jour, par exemple, « le jeune Prince, en rentrant de la promenade, avait conservé une boule de neige qu'il vint lui appliquer au milieu de la figure ! ». Souvent aussi le duc adressait à son précepteur des « paroles piquantes » que ce dernier supportait avec une extraordinaire complaisance. Mais c'était surtout les cours qui tournaient à la catastrophe. Le Prince, qui n'aimait pas les mathématiques, entrait dans de violentes colères. « A quoi servent tous ces chiffres que me fait faire M. Cauchy ? » se plaignait-il à d'Hautpoul. Cauchy, dépassé, était incapable de faire respecter son autorité ; un jour, le Prince, tenant son précepteur par le collet, le mit à la porte ; « et M. Cauchy, raconte d'Hautpoul, se retirait en faisant des excuses et en demandant ce qu'il avait pu faire pour déplaire à Monseigneur ». Une autre fois, le Prince, renversa, dans un accès de rage, un tapis de table, avec des livres et une corbeille remplie de pièces de monnaie ; le pauvre Cauchy, à genoux, s'empressa de tout ramasser pendant que le Prince regardait sans bouger.

En fait, Cauchy ne parvenait pas à faire un cours du niveau de son élève. « *Ce qui inspirait du dégoût au Prince pour les leçons de mathématiques,* selon d'Hautpoul, *c'est que*

Le cabinet d'étude de Henri en 1834. Cette gravure, tirée d'un ouvrage de propagande légitimiste, montre le duc de Bordeaux au Hradschin de Prague en 1834, suivant les leçons d'un de ses précepteurs. Cauchy se chargeait alors depuis un an de la partie scientifique de son éducation. Il accompagna son élève à Görz en 1836 et ne rentra en France qu'en 1838, quand le duc atteignit ses dix-huit ans. *(B.N.)*

souvent il ne pouvait parvenir à les comprendre. Assistant un jour à la démonstration d'une des propositions les plus simples de la géométrie, je voyais le Prince s'agiter, s'impatienter de ne pouvoir la saisir, et j'avoue que moi-même, quoique me rappelant cette proposition, j'avais de la peine à suivre le professeur. » Alors, pour complaire à son élève, il arrivait à Cauchy de substituer à la leçon de mathématiques d'autres activités : un jour il lui racontait des histoires ; un autre, il chantait en duo avec son élève des cantiques de Saint-Sulpice. Les années passant, le duc de Bordeaux parvint à assimiler les rudiments de mathématiques, mais un second témoignage, celui du marquis de Villeneuve, venu voir le Prince en 1838 à

Görz (aujourd'hui Gorizia), révèle en fin de compte le peu de succès de Cauchy :

« *A Görz comme ailleurs, je suivis attentivement les examens classiques de chaque samedi. On débuta tristement sur les mathématiques ; interrogé par Cauchy sur une question de description, le Prince hésita. Le Roi* (c'est-à-dire le duc d'Angoulême) *se leva, expliqua le problème et reçut les éloges du professeur. (...) Il y eut aussi de la physique et de la chimie ; le duc de Bordeaux paraissait peu enclin vers ces sciences, le bon Cauchy s'échauffait à la tâche, il criait, il tonnait ; la Reine* (la duchesse d'Angoulême) *lui disait parfois en souriant : « trop haut ! pas si haut !* »

Il fallut donc à Cauchy une foi extraordinaire dans sa mission pour supporter son isolement de six années au Hradschin de Prague puis, après mai 1836, à Teplitz, au château de Kirchberg et finalement à Görz, au milieu d'une cour mesquine et dérisoire, et tout cela pour un résultat presque nul puisque le duc de Bordeaux termina en octobre 1838 ses études, à l'âge de 18 ans, complètement dégoûté des mathématiques.

Son travail de précepteur lui laissait peu de temps pour ses recherches mathématiques qui s'en trouvèrent très ralenties. Il reprit à Prague sous le titre de *Nouveaux exercices de mathématiques* la publication de ses *Exercices* et rédigea quelques mémoires consacrés à la théorie de la lumière et à la théorie des équations différentielles[1]. Une partie fut publiée aussitôt, le plus souvent sous forme de lithographies à diffusion très restreinte, et le reste, contenu dans plusieurs cahiers manuscrits, demeura inédit jusqu'à son retour en France.

Charles X et sa cour quittèrent le Hradschin et Prague en mai 1836 pour Teplitz. Il fallait laisser le château au nouvel empereur Ferdinand qui venait à Prague recevoir son investiture comme roi de Bohême. Le vieux roi avait l'intention de se fixer à Görz, attiré par le climat doux de cette ville méridionale. On s'arrêta en chemin au château de Kirchberg le 8 octobre et Charles X s'éteignit le 6 novembre à Görz, quelques jours après son arrivée ; le duc d'Angoulême et le duc de Bordeaux passèrent les années suivantes entre Kirchberg et Görz. Cauchy accompagna le Prince dans ses pérégrinations.

1. *O.C.*, 2, X, pp. 189-478 et XI, pp. 399-465.

Les 18 ans du duc de Bordeaux marquèrent la fin de son éducation. Le rôle de Cauchy était terminé. Allait-il maintenant rentrer en France ou continuer sa vie d'exil ? Évidemment ses amis, Moigno par exemple, avec qui il correspondait, le pressaient de revenir ; mais c'est Marie-Madeleine Cauchy, sa mère, qui emporta la décision. On avait fêté l'année précédente ses noces d'or ; sentant sans doute venir sa fin — elle mourut le 5 mai 1839, moins de sept mois après le retour d'Augustin-Louis — elle souhaitait avoir son fils aîné auprès d'elle. Un jour d'octobre 1838, Cauchy et sa famille arrivèrent à Paris où ils reprirent leur logis, rue Serpente à l'hôtel de Bure. Une nouvelle période de sa vie commençait pour lui alors qu'il touchait la cinquantaine. De son exil de huit années, Cauchy ramenait peu de choses, sinon un titre de baron que lui accorda Charles X comme prix de sa fidélité et auquel il resta très attaché.

La théorie de l'élasticité

Cauchy commença ses premières recherches de mécanique en 1815, en concourant pour le Grand Prix de mathématiques de l'Académie. Les années suivantes furent toutes occupées par la préparation de son cours à l'École Polytechnique. C'est seulement après sa nomination à la chaire de mécanique à la Faculté des Sciences en 1821 qu'il s'intéressa de nouveau à cette branche de la science et créa à cette occasion la théorie de l'élasticité.

La mécanique des milieux continus

Tout au long du XVIIIe siècle, la mécanique rationnelle s'était beaucoup développée, devenant un champ privilégié des applications du calcul infinitésimal. Lagrange avait publié en 1788 la première édition de sa *Mécanique analytique*, une sorte de « poème scientifique » selon Hamilton, dans laquelle, réalisant la synthèse des travaux de ses prédécesseurs, il déduisait par des raisonnements purement analytiques et sans l'aide d'aucune figure géométrique toute la mécanique du seul principe des vitesses virtuelles. L'ouvrage, augmenté en 1811 à l'occasion de la seconde édition, exposait non seulement la mécanique des systèmes de points matériels mais encore celle des corps continus solides ou fluides, considérés comme des systèmes composés d'une infinité de points matériels contigus.

La mécanique du solide se limitait alors presque entièrement à l'étude des corps solides indéformables. Aussi Lagrange se contentait-il d'étudier quelques cas particuliers de solides déformables à une ou deux dimensions, par exemple les fils flexibles et inextensibles élastiques (d'où le fameux problème des cordes vibrantes) et les surfaces déformables élastiques.

Rappelons qu'un corps est élastique si de petites déformations engendrent des forces intérieures, dites forces élastiques, qui tendent à le ramener dans sa forme primitive.

Plusieurs sections de la *Mécanique analytique* étaient consacrées à la mécanique des fluides. C'est Euler qui en avait déterminé le premier les équations fondamentales, en considérant un fluide comme une masse continue divisible à volonté en éléments de volume infiniment petits autour de chaque point. Les pressions s'exerçant sur les faces de chaque volume élémentaire sont égales en tout sens quand le fluide est en équilibre. Lagrange déduisait les mêmes équations du principe des vitesses virtuelles, en supposant, suivant son expression, qu'un fluide est « un amas de molécules très déliées, indépendantes les unes des autres et parfaitement mobiles en tout sens ».

A la suite des expériences spectaculaires de Chladni sur les nodales des plaques vibrantes, plusieurs mathématiciens reprirent, au début du XIXe siècle, l'étude de l'équilibre et du mouvement des surfaces élastiques. Sophie Germain, aidée par Lagrange, et Poisson obtinrent indépendamment, en 1815, l'équation d'une surface élastique flexible et également tendue en tout sens, pour laquelle la *Mécanique analytique* avait donné une expression inexacte. Un peu plus tard, en 1820, Navier présenta un mémoire à l'Académie dans lequel il étudiait les petites déformations d'une plaque élastique chargée de poids sans négliger son épaisseur. Navier était animé de préoccupations pratiques. Ingénieur des Ponts et Chaussées à Paris, il était chargé en même temps depuis 1819 d'enseigner la mécanique à l'École des Ponts et Chaussées ; dans son cours comme dans son mémoire, il cherchait à appliquer les méthodes de la mécanique rationnelle aux problèmes de résistance des matériaux, traités jusque-là de manière presque entièrement empirique. L'utilisation des procédés analytiques de la *Mécanique analytique* de Lagrange et de la *Théorie de la chaleur* de Fourier dans son mémoire de 1820 était, de ce point de vue, remarquable.

De l'aveu même de Cauchy, la lecture de ce mémoire, resté inédit mais dont Navier avait distribué des copies lithographiées à quelques savants, était à l'origine de son mémoire magistral de 1822 intitulé *Recherches sur l'équilibre et le mouvement intérieur des corps solides ou fluides, élastiques ou non élastiques.* Dans son mémoire de 1820, Navier, séparant complètement les forces élastiques produites par l'extension ou la contraction de celles produites par la flexion, supposait les premières toujours normales aux surfaces élémentaires sur lesquelles elles s'exercent. Cauchy abandonnait cette hypothèse non démontrée et d'ailleurs en général erronée.

Considérant, selon la méthode utilisée au XVIIIe siècle en mécanique des fluides, un corps quelconque comme un milieu continu divisible à volonté en éléments de volume infiniment petits et les forces intérieures comme des pressions ou tensions — on dit aujourd'hui des contraintes — s'exerçant sur chaque face d'un volume élémentaire quelconque, il remarquait que les contraintes dans un solide peuvent être dirigées obliquement par rapport aux surfaces sur lesquelles elles s'exercent, alors que la pression hydrostatique dans un fluide est toujours normale à la surface d'application. Il montrait alors, en appliquant par des raisonnements aujourd'hui devenus classiques les lois de l'équilibre à des volumes élémentaires bien choisis, que les contraintes en un point d'un corps peuvent s'exprimer simplement au moyen de six nombres, quelles que soient les surfaces sur lesquelles elles s'exercent. Une conversation avec Fresnel, qui était parvenu à des conclusions du même ordre en cherchant, par des méthodes toutes différentes, à construire un éther moléculaire dans lequel des ondes lumineuses transversales pourraient se propager, décida Cauchy à poursuivre ses recherches.

Il parvint facilement à établir les équations fondamentales de la mécanique des milieux continus qui généralisaient les équations de la mécanique des fluides données par Euler en 1755. Mais, pour que ces équations soient utilisables, il fallait exprimer les contraintes dans un corps en fonction de ses déformations, au moins dans le cas de déformations très petites. La solution trouvée par Cauchy utilise les propriétés mathématiques des contraintes et des déformations infinitésimales en un point, qui forment, en langage moderne, deux tenseurs symétriques du second ordre. On peut réduire en effet, par exemple au moyen des quadriques de Cauchy (fig. 13), la recherche des contraintes et des déformations infinitésimales en un point à celle des trois « contraintes principales » et des trois « déformations principales », dirigées normalement à leur surface

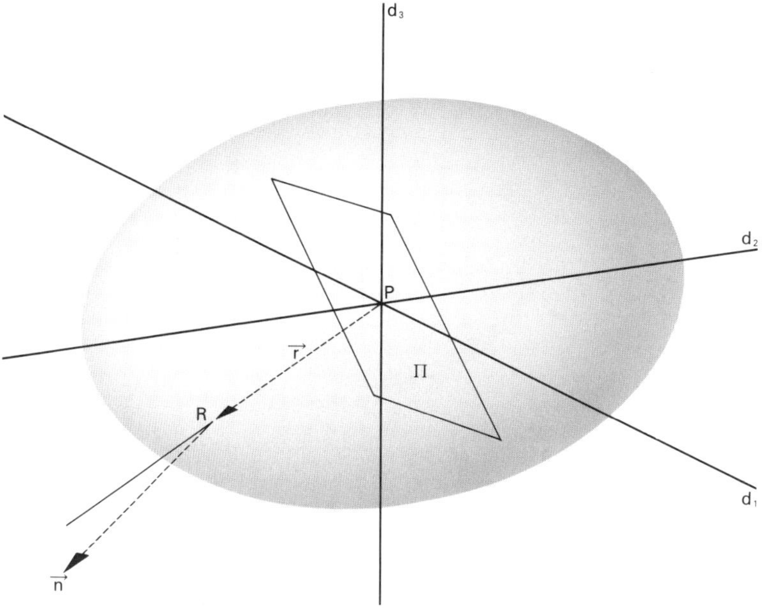

Fig. 13 - Les quadriques de Cauchy. Cauchy montre que si l'on porte sur la normale à un plan quelconque π, passant par un point P donné, la grandeur de la contrainte s'exerçant sur ce plan, le vecteur $\vec{r}$ obtenu est le rayon-vecteur d'une quadrique, ici un ellipsoïde, dont les axes d_1, d_2, d_3, sont perpendiculaires entre eux. De plus, la direction de la contrainte est donnée par la normale à la surface de l'ellipsoïde $\vec{n}$ au point correspondant R. On voit sur le dessin que, dans la direction des axes de l'ellipsoïde, appelés axes principaux, les contraintes sont normales aux plans sur lesquels elles s'exercent : ce sont les contraintes principales. On peut construire des quadriques du même genre pour représenter les déformations infinitésimales en un point.

d'application et selon trois directions perpendiculaires entre elles. Dans le cas d'un fluide parfait, la quadrique se réduit à une sphère et les pressions, quelle que soit leur direction, sont alors normales à la surface d'application (fig. 14).

Pour obtenir les contraintes dans un corps solide élastique dans le cas de petites déformations, Cauchy supposait les trois contraintes principales dirigées comme les trois déformations principales. Cauchy se limitait, dans ce premier mémoire, au cas où le corps est également élastique en tout sens, c'est-à-dire

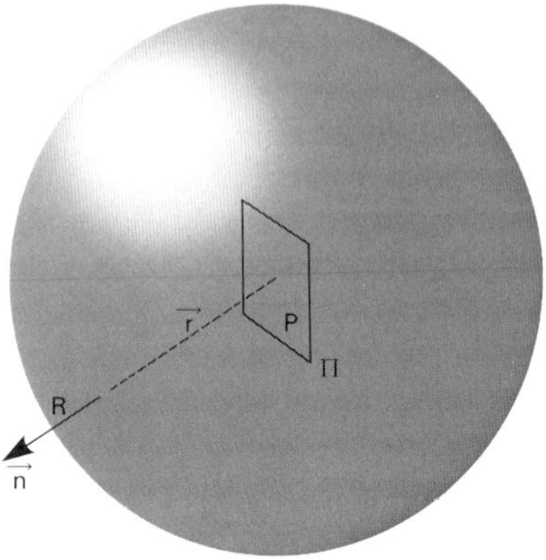

Fig. 14 - La pression hydrostatique. Si l'on réduit l'ellipsoïde de la figure 13 à une sphère, les contraintes en un point sont égales dans toutes les directions et dirigées perpendiculairement aux plans sur lesquels elles s'exercent. C'est ce qui se produit dans un fluide parfait. On appelle pression hydrostatique la quantité égale à la longueur du rayon de la sphère.

où les trois contraintes principales sont également proportionnelles aux trois déformations principales : on dit alors que le corps est isotrope ; c'est le cas des métaux, qui sont amorphes, mais non des bois, qui sont fibreux. En 1830, Cauchy étendit sa théorie de l'élasticité pour des milieux continus au cas général. Pour déterminer les contraintes en fonction des déformations il faut alors déterminer jusqu'à 36 coefficients d'élasticité[1].

La mécanique des systèmes de points matériels

Malgré son importance, le mémoire de 1822 resta plusieurs années inédit et les résultats obtenus ne furent d'abord connus que par un bref résumé dans le *Bulletin* de la Société philomatique[2]. Cauchy publia finalement, en 1827, plusieurs articles détaillés relatifs à la mécanique des milieux continus et en par-

1. *O.C.*, 2, IX, pp. 342-372.
2. *O.C.*, 2, II, pp. 300-304.

ticulier à la théorie de l'élasticité, dans les *Exercices de mathématiques*[1]. Ce long délai s'explique d'abord par son souci de respecter les droits de Navier ; celui-ci, en effet, avait présenté plus d'un an avant Cauchy, en mai 1821, un nouveau mémoire, *Sur les lois de l'équilibre et du mouvement des corps solides élastiques*, qui, dans un cadre moins général que celui de Cauchy et sans introduire les concepts fondamentaux de contrainte et de déformation, présentait néanmoins des résultats voisins. Or Navier, qui avait priorité sur Cauchy comme le firent aussitôt remarquer Fresnel et Fourier, ne publia son propre mémoire dans les recueils de l'Académie qu'en 1827. Ce fut autant de temps de perdu par Cauchy pour publier.

Cette affaire de priorité n'explique cependant pas tout. Cauchy n'était sans doute pas entièrement satisfait de son mémoire de 1822. En commençant sa recherche, il avait envisagé non seulement la résolution de problème de résistance des matériaux, mais encore, comme lui-même le laissait entendre dans son mémoire, celle de problèmes de physique plus généraux comme ceux de la propagation de la chaleur et de la lumière. Mais, en adoptant pour son travail une représentation des corps considérés comme des milieux continus, il avait choisi un modèle rejeté par la plupart des physicomathématiciens français de l'époque, formés à l'école de Laplace (fig. 15).

La mécanique moléculaire, qu'illustrèrent surtout Laplace et Poisson, mais à laquelle se référèrent aussi des savants comme Ampère, Navier, et même Fresnel qui s'en inspira pour essayer de construire son éther moléculaire, était fondée, contrairement à la mécanique des milieux continus, sur des hypothèses concernant la nature intime des corps. Pour Laplace et ses émules, tout corps est composé d'un nombre fini de molécules, situées à distance finie les unes des autres et qui sont chacune des centres d'attraction et de répulsion mutuelles. La mécanique moléculaire prétendait déduire les propriétés physiques d'une analyse des interactions moléculaires, sans avoir à préciser la loi de ces interactions, supposées seulement répulsives à faible distance et attractives et décroissantes avec la distance au-delà d'un certain rayon autour de chaque molécule.

1. *O.C.*, 2, VII, pp. 60-93, 141-145 et VIII, pp. 195-226.

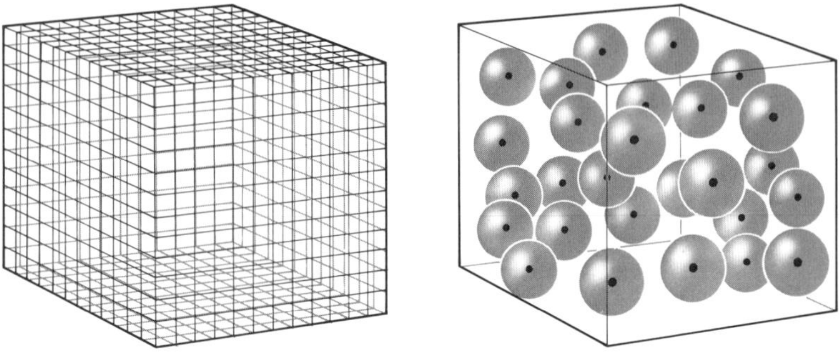

Milieu continu divisible en éléments de volume infiniment petits.

Système de points matériels en interaction, avec leurs sphères d'activité.

Fig. 15 - Modèle continu et modèle moléculaire de la matière. Le modèle de la mécanique des milieux continus, créé au XVIIIe siècle, est celui d'une matière divisible en éléments de volume infiniment petits. Après avoir utilisé ce modèle, Cauchy le condamna pour des raisons métaphysiques, l'infiniment petit ne pouvant exister dans la nature. Le modèle de la mécanique moléculaire, dont Laplace et Poisson se firent les champions, suppose que la matière est formée de points matériels se repoussant à très faible distance, puis s'attirant dans les limites de leur sphère d'activité. Les forces interactives ne sont pas définies de manière précise, mais elles sont supposées s'évanouir très rapidement avec la distance. Cauchy se rallia à ce point de vue, qu'il utilisa aussi pour décrire l'éther lumineux, supposé formé de points-masses immatériels.

Le mémoire de Navier de mai 1821, contrairement à celui sur les plaques élastiques, était fondé sur les principes de la physique moléculaire. Poisson lui aussi, dans un important mémoire lu à l'Académie en avril 1828, développa une théorie moléculaire de l'élasticité. C'est dans ces conditions que Cauchy publia dans les *Exercices de mathématiques* de 1828 et 1829 plusieurs articles sur la mécanique moléculaire, qu'il appelait mécanique des systèmes de points matériels, et ses applications à l'étude des corps élastiques non seulement isotropes mais encore cristallisés. Dès la fin des années 1820, il abandonna tout à fait la théorie de l'élasticité des milieux continus au profit de la théorie moléculaire, moins générale (dans celle-ci un corps élastique quelconque n'a au plus que 15 coefficients d'élasticité contre 36 dans la première), mais qui semblait mieux rendre compte, dans le cas d'un corps isotrope, des expériences entreprises à la même époque par Savart. Cauchy justifia plus tard son choix par des considérations métaphysiques, en cherchant à montrer que la matière ne pouvait être divisible à l'infini. En fait, c'est la théorie de l'élasticité des milieux continus qui devait finalement, après bien des discussions, s'imposer comme la théorie la plus universelle.

Jusqu'à sa mort, Cauchy continua à développer la mécanique des systèmes de points matériels mais surtout il tenta d'appliquer ce modèle à la théorie ondulatoire de la lumière créée par Fresnel, en supposant, comme celui-ci l'avait déjà fait, l'éther lumineux formé de points-masses immatériels s'attirant et se repoussant. La difficulté était d'ajuster les coefficients d'élasticité de façon à rendre compte des faits expérimentaux. Les longues recherches de Cauchy, poursuivies sans succès pendant plus de trente ans, représentent la plus importante tentative avant Maxwell pour construire un éther mécanique dont les propriétés expliquent les phénomènes lumineux découverts par Young, Fresnel et leurs successeurs[1].

Ainsi, par ses travaux sur la théorie de l'élasticité, moins connus sans doute que ceux sur la théorie des fonctions d'une variable complexe ou sur les fondements de l'analyse, mais qui occupèrent une très grande part de son activité scientifique, Cauchy apparaît comme un des plus brillants représentants de la grande école de physico-mathématiciens, souvent sortis de Polytechnique, qui illustra, derrière Laplace, la science française au début du XIXe siècle.

1. Voir en particulier *O.C.*, 2, XI, pp. 11-27, pp. 51-74, pp. 173-226 et pp. 265-319.

CHAPITRE V

Quarantaine

La communauté des savants parisiens s'était profondément transformée pendant l'absence de Cauchy. Ceux qui avaient animé la vie scientifique, en physique et mathématiques, pendant la Restauration, avaient disparu les uns après les autres : Fourier en 1830 et Legendre en 1833, Ampère et Navier en 1836 ; peu après le retour de Cauchy, ce fut le tour de Prony en 1839, de Poisson en 1840, de Lacroix et Coriolis en 1843. Cauchy, qui entrait dans la cinquantaine, faisait maintenant figure d'ancien. Peu de jeunes mathématiciens s'étaient imposés en France depuis 1830. Les deux plus notables, après la mort tragique de Galois, étaient Sturm et Liouville. Originaire de Genève, où il était né en 1803, Sturm, monté à Paris, faisait partie à la fin de la Restauration de l'entourage de Fourier. En 1829, il avait démontré un important théorème, qui porte aujourd'hui son nom, sur le nombre de racines réelles d'un polynôme. Gêné d'abord dans sa carrière, parce qu'il était étranger et protestant, il fut pourtant facilement élu à l'Académie en 1836 au siège laissé vacant par Ampère. Liouville, de six ans le cadet de Sturm, était un ancien élève de l'École Polytechnique ; répétiteur de Mathieu à l'École en 1831, il succéda à celui-ci dans la chaire d'analyse et de mécanique en 1838, tout en enseignant, depuis 1837, la physique mathématique au Collège de France comme suppléant de Biot. Liouville était très lié à Sturm qui soutint efficacement sa candidature quand il fut élu à l'Académie des Sciences en juin 1839, quelques mois après le retour de Cauchy en France.

Le retour

Dès son arrivée, Cauchy se rendit à l'Académie où il avait conservé sa place pour laquelle il n'avait pas à jurer fidélité au Roi des Français. Il commença aussitôt à communiquer le résultat de ses recherches sur la lumière, entreprises pendant son séjour à Prague et à Görz. La création des *Comptes rendus* par Arago en 1836, qui permettaient aux académiciens de publier rapidement leurs travaux et qui s'imposèrent bientôt, dans le domaine des sciences, comme le plus remarquable instrument de diffusion, avait redoublé l'intérêt des communications. Cauchy, plus que tout autre, utilisa jusqu'à sa mort cette facilité, publiant aux *Comptes rendus* presque chaque semaine une note ou un mémoire. De plus, à partir de septembre 1839, il reprit la publication en livraisons de ses *Exercices*, interrompue depuis 1836, sous le titre nouveau d'*Exercices d'analyse et de physique mathématique*. Cauchy abusa-t-il des possibilités qui lui étaient offertes ? Évidemment, la volonté de reprendre la place qui lui revenait l'incitait, au risque de se répéter, à multiplier ses interventions à l'Académie qui restait la seule tribune où il put publiquement et régulièrement faire part de ses travaux, mais son exclusion des institutions scientifiques et l'absence d'une position établie qui en résultait aggravèrent aussi une tendance, déjà sensible auparavant, à disperser ses efforts dans de multiples directions au gré des influences passagères. Au total, pendant cette période, Cauchy présenta environ 240 notes et mémoires à l'Académie, la plupart publiés dans les *Comptes rendus*, et 27 rapports. Il publia en outre une quarantaine de livraisons de ses *Exercices*, contenant plus de 50 mémoires, quelques articles dans des revues et deux mémoires écrits antérieurement mais restés inédits dans les *Mémoires de l'Académie des Sciences*.

Cette fécondité suscita bientôt les critiques, et parfois les sarcasmes, qui s'exprimèrent en octobre 1842 dans les journaux qui avaient pris l'habitude de publier des chroniques académiques. Peu après, Biot fit paraître dans le *Journal des savants* un article sur les *Comptes rendus*, dans lequel il s'en prenait, sans le nommer mais en termes sévères, à Cauchy, lui reprochant de menacer, par son excessive prolixité, l'existence même de la nouvelle publication ; après avoir fait l'éloge des *Comptes rendus*, il ajoutait en effet :

« Mais, dira-t-on, ces extraits détaillés, rédigés au gré de l'auteur ou par eux-mêmes, peuvent devenir trop prolixes, et n'être plus qu'une publication déguisée des mémoires entiers. Ce serait un abus regrettable, et je ne dissimulerai pas qu'il s'est réalisé, mais comme exception, et, peu s'en faut, par une seule personne. Un géomètre, assurément très habile, a profité de l'opportunité des comptes rendus pour publier, presque dans chaque numéro, une série de mémoires entiers, hérissés de symboles, sans connection entre eux, reproduisant plusieurs fois les mêmes résultats ou les mêmes idées sous diverses formes, à mesure qu'elles se présentent à son esprit, brisés aussi de renvois qui se rapportent à une multitude de publications éparses ; de sorte qu'aujourd'hui, s'ils se correspondent dans la pensée de l'auteur, comme je n'en fais aucun doute, il semblerait être à peu près le seul qui puisse en profiter, ou qui soit capable d'en suivre le fil. Ceci est sans doute un résultat fâcheux, et regrettable pour l'auteur lui-même. Mais comment, et par quelle autorité y remédier ? Ces essais, car leur rédaction précipitée permet de les nommer ainsi, contiennent dans leur capricieuse diversité de très belles démonstrations, des procédés de calcul très puissants, des méthodes dont les applications semblent pouvoir devenir très fécondes, si l'auteur avait la patience d'en suivre le développement. Lui interdirez-vous la liberté de les faire connaître ? Espérons que les conseils de ses amis, qui ne lui ont pas manqué et qui sont unanimes, le persuaderont de comprendre mieux ses propres intérêts, et ceux des sciences, qu'il pourrait priver d'un mode de publication aussi utile, en rendant sa continuation impossible par l'usage immodéré qu'il en ferait pour lui-même. Et si l'on obtenait de lui, par exemple, qu'il voulût bien consacrer quelques mois à réaliser, dans le calcul des perturbations planétaires, les simplifications qu'il a présentées comme possibles, on n'aurait pas à regretter les détours par lesquels son esprit serait arrivé à se fixer sur cet important sujet. »

Cauchy ne suivit pas ces « conseils » insistants et continua à publier très abondamment dans les *Comptes rendus*.

Mais quels que fussent les avantages que procurait l'Académie à ses membres, jetons de présence aux séances et publication rapide de notes et mémoires dans les *Comptes rendus*, il ne pouvait se satisfaire de cette unique position dans le monde savant. Une occasion se présenta, en 1839 : le décès de Prony, le 29 juillet, laissait en effet une place vacante dans la section de géométrie du Bureau des longitudes. Le Bureau, qui partageait avec l'Institut le privilège de nommer lui-même ses nouveaux membres, se voulait une sorte d'« Académie des sciences

L'Institut au début du XIXe siècle. Ce tableau, de la fin des années 1820, représente la deuxième cour du Palais de l'Institut, installé depuis 1806 dans l'ancien Collège des Quatre-Nations. L'Académie des Sciences se réunissait alors dans le bâtiment de droite, le long de la rue Mazarine. Vers 1840, on construisit à gauche, dans la même cour, un nouveau bâtiment, dans lequel furent aménagées les salles de réunion des Académies, utilisées jusqu'à aujourd'hui. *(Routhiez)*

astronomiques» et, si ses membres étaient soumis à l'obligation du serment politique contrairement à ceux de l'Institut, on considérait cette obligation au sein du Bureau comme une formalité tombée en désuétude. On pensait, par conséquent, qu'en cas d'élection de Cauchy, la question ne se poserait pas avec la même acuité que pour une nomination à une chaire d'enseignement. Quelques jours après l'annonce de la mort de Prony, Cauchy se mit sur les rangs ; le 5 août 1839, il présenta à l'Académie un mémoire de mécanique céleste, n'ayant en fait qu'un rapport indirect avec l'astronomie puisqu'il y donnait la première démonstration publiée en France, de son théorème de Turin sur le développement des fonctions en série[1]. Au cours

1. *O.C.*, 1, IV, pp. 483-491.

de la même séance, il rendit hommage à Prony dont il briguait la succession. L'élection devait avoir lieu en automne.

Une commission de présentation fut nommée le 30 octobre 1839 ; à Poisson, seul membre de la section de géométrie depuis la mort de Prony, le Bureau adjoignit Biot et Arago. Mais les trois commissaires ne purent s'accorder pour faire une liste de présentation commune. Le 6 novembre, Arago déclara, au nom de la commission, au Bureau assemblé :

« La majorité, formée de MM. Biot et Arago, présente pour candidats MM. Cauchy, Liouville et Sturm. M. Poisson aurait voulu que l'on présentât M. Lacroix. »

Arago et Biot soutenaient plus particulièrement la candidature de Cauchy. Arago recevait assez mal les autres solliciteurs, auxquels il répondait invariablement : « M. Cauchy est sur les rangs » ; à ceux qui insistaient, il répétait avec un mouvement d'humeur : « mais, Monsieur, je viens de vous dire que M. Cauchy est sur les rangs ». On sait l'influence dont jouissait Arago, secrétaire perpétuel de l'Académie des Sciences : en appuyant de son autorité la candidature de Cauchy, il rendait un bel hommage à un homme qu'il n'appréciait guère, ni personnellement, ni politiquement et auquel il lui était souvent arrivé de se heurter à propos de questions scientifiques. Quant à l'attitude de Poisson, elle ne doit pas nous surprendre. Il était en mauvais termes avec Cauchy depuis 1825. Peu de temps après le retour de ce dernier, une discussion s'était encore élevée entre les deux savants, en avril 1839, à la suite d'une communication de Cauchy à l'Académie sur la réflexion de la lumière à la surface des métaux. Le 13 novembre, le Bureau procéda à l'élection. Poisson, décidément hostile à Cauchy, fit une dernière tentative en faveur de son candidat en parlant « des services rendus à l'instruction publique par les ouvrages de Lacroix ». Mais cette tentative fit long feu et c'est Cauchy qui fut élu.

Qui pouvait se douter que ce n'était que le début d'une longue et pénible affaire ? Le ministre de l'Instruction publique, dont dépendait le Bureau des longitudes, envoya quelques jours plus tard à Arago, président du Bureau, une lettre dans laquelle il annonçait qu'il ne présenterait la nomination à la sanction du Roi que lorsque Cauchy aurait prêté serment. Le Bureau, considérant qu'il n'avait à entrer dans aucune considération politique, refusa d'intervenir auprès de Cauchy pour lui demander de s'acquitter de ce serment. La situation devint bientôt absurde. Faute de la sanction royale, Cauchy ne recevait pas son traitement et ne pouvait participer aux réunions du Bureau ; mais il restait élu. De bonnes volontés s'entremirent pour arranger les choses. Le ministre de l'Instruction publique, Jules Villemain, était favorable à une solution de compromis, de même que Victor Cousin, son successeur après mars 1840. Laissons parler Biot, témoin direct et peut-être acteur dans cette affaire puisqu'il était membre du Bureau des longitudes :

« Pendant que cette difficulté s'agitait, le ministère de l'Instruction publique fut successivement occupé par deux personnes d'une grande illustration littéraire, que l'élévation de leur caractère autant que leur penchant mettaient au-dessus de tout mauvais vouloir. Elles firent mille efforts de bonne volonté, d'adresse ingénieuse pour réduire aux moindres termes possibles l'apparence de reconnaissance que leur position leur commandait d'obtenir. Mais cette apparence même effrayait Cauchy, et il tâchait de la détourner par toutes les finesses diplomatiques dont il pouvait s'aviser, finesses qui étaient celles d'un enfant. »

Cauchy, fidèle à son attitude de 1830, refusait tout serment. Élu mais non nommé, il faisait comme s'il était un membre à part entière du Bureau bien qu'il ne pût participer à ses réunions. Il consacra, à partir de 1839, une part importante de ses recherches à la mécanique céleste. Les autorités et le Bureau des longitudes prirent, quant à eux, le parti de ne rien faire : pendant quatre années, on fit semblant d'attendre un serment qui, évidemment, ne pouvait venir. La mort de Poisson, le 25 avril 1840, fut pour Cauchy une raison supplémentaire de consacrer ses efforts à l'astronomie mathématique : le Bureau des longitudes n'avait plus de géomètres en son sein, au moment même où il prenait conscience, comme le disait Biot, de « la nécessité de mettre le personnel du Bureau, sous le rapport de la théorie, au niveau du développement que va recevoir, pour les observations, le personnel de l'Observatoire ». La précision et le nombre grandissant des observations astronomiques exigeaient des progrès dans les méthodes de calcul.

L'astronomie mathématique était quelque peu délaissée en France depuis la mort de Laplace, malgré les travaux de jeunes savants comme Liouville et Le Verrier, alors qu'en Allemagne, de nombreux mathématiciens, Gauss, Bessel, Hansen, etc., développaient les méthodes d'analyse appliquées à la mécanique céleste. Cauchy voulut prouver une nouvelle fois qu'il était digne de la place à laquelle il avait été élu. De juin à novembre 1840, il présenta à l'Académie, faute de pouvoir encore les communiquer au Bureau des longitudes, une douzaine de mémoires de mécanique céleste ou d'analyse mathématique en rapport avec la mécanique céleste. Cauchy ralentit sa production après l'élection de Liouville, le 18 novembre 1840, à la place laissée vacante par Poisson.

Le combat pour les jésuites

L'opposition de Cauchy au régime ne s'exprimait pas seulement par le refus de prêter serment de fidélité au Roi des Français. Il s'était engagé, depuis son retour, à la fin de 1838, au côté des jésuites dans le combat contre l'Université et pour la liberté de l'enseignement. Les jésuites formaient depuis 1837 des professeurs pour leurs collèges à l'École normale ecclésiastique de la rue des Postes, lointaine ancêtre de l'École Sainte-Geneviève. Cauchy ne participait pas directement à cet enseignement mais il venait régulièrement rue des Postes conseiller, à tout le moins, le père François Moigno, qui dirigeait la formation des jeunes jésuites en mathématiques supérieures et en sciences physiques.

François Moigno était né le 20 avril 1804 à Guéméné en Bretagne. Son père, de petite noblesse bretonne, avait émigré pendant la Révolution. En 1815, il entra au collège de Pontivy et, l'année suivante, au petit séminaire de Sainte-Anne, dirigé par les jésuites. Il partit pour Montrouge à sa sortie du séminaire en 1822, bien décidé à entrer dans la Compagnie, mais, en septembre 1824, sur l'ordre de ses supérieurs qui le destinaient à l'étude des mathématiques et de la physique, il entra à l'École normale de la rue de Sèvres. Il y travailla jusqu'en 1829. Son principal professeur était le mathématicien Leroy, professeur à l'École Polytechnique. Il fréquenta alors le cours de Cauchy au Collège de France et à la Faculté des Sciences, se lia avec le savant et lui présenta même en 1828 une nouvelle méthode pour obtenir l'équation du plan tangent que Cauchy reprit dans ses *Exercices de mathématiques*. En octobre 1829, il partit pour Saint-Acheul où il suivit jusqu'à la Révolution de juillet un cours de théologie dogmatique. Il quitta la France le 6 septembre 1830 pour Brigg en Suisse puis sans doute pour Turin, où Cauchy proposa son nom pour le remplacer, en septembre 1833, à la chaire de physique sublime. De retour en France, il enseigna la théologie au scolasticat de Vals près du Puy-en-Velay puis, en 1835, à Saint-Acheul. Rentré en octobre 1836 à Paris, où il avait obtenu une chaire de mathématiques à l'École normale ecclésiastique de la rue des Postes, il installa un cabinet de physique qui attira sur lui l'attention du monde savant. Il commençait à se faire un nom dans les sciences et s'était lié d'amitié avec de nombreux hommes de science aussi différents qu'Arago, Liouville, Thénard et, évidemment, Cauchy.

Il avait entretenu avec ce dernier, avant son retour d'exil, une correspondance suivie ; à partir de 1839, il le fréquenta régulièrement, se considérant comme son disciple. Cauchy lui confiait ses manuscrits dont il s'inspirait pour ses leçons de la rue des Postes. Moigno rédigea et publia, en 1840, avec l'accord et l'appui de Cauchy le premier tome des *Leçons de calcul différentiel et intégral*. Dans son introduction, il plaçait son ouvrage sous l'autorité de son illustre maître :

« M. Cauchy, qui, à la qualité glorieuse d'élève, me permet d'ajouter celle plus glorieuse encore d'ami, m'accepterait volontiers pour intermédiaire et pour écho dans ses savantes communications avec le public. »

Plusieurs des chapitres du livre reprenaient, presque mot pour mot, le contenu de manuscrits que Cauchy lui avait confiés, en particulier un traité inédit du calcul aux différences finies et un cahier manuscrit qui devait former le troisième volume des *Applications du calcul infinitésimal à la Géométrie*. Le livre eut un succès certain.

Mais Moigno avait de nombreuses autres activités. Il dirigeait la réunion ouvrière de la Société de Saint-François-Xavier à Saint-Sulpice, paroisse dans laquelle il projetait de créer un

François Moigno (1804-1884), jeune jésuite extrêmement actif, suivit les cours de Cauchy à la fin de la Restauration et se lia avec lui dès cette époque. De 1836 à 1842, il enseigna l'analyse à l'école jésuite de la rue des Postes, et il publia en 1840 et 1844 deux tomes de ses *Leçons de calcul différentiel et intégral* directement inspirées des méthodes de Cauchy, qu'il voyait alors beaucoup. Engagé dans des affaires financières malheureuses, il dut quitter l'ordre des jésuites en 1844. Il continua cependant à fréquenter de nombreux savants et se consacra jusqu'à sa mort à la vulgarisation scientifique. *(Belin - J.-L. Charmet)*

musée de sculpture. Il faisait des retraites et des prêches, participait à des œuvres de bienfaisance et écrivait des articles pour des journaux catholiques, en particulier l'*Univers* et l'*Union catholique*. Ses supérieurs voyaient d'un très mauvais œil toute cette agitation. Surtout, Moigno eut le tort de s'engager dans des spéculations malheureuses : il s'endetta auprès de plusieurs personnes pour financer les affaires fumeuses du marquis de Jouffroy, l'inventeur des « moteurs palmipèdes ». Il obtint d'ailleurs de Cauchy qu'il fît un rapport favorable à l'Académie le 2 novembre 1840 sur les expériences de Jouffroy. Le scandale financier menaçant d'éclater, le père Boulanger, supérieur de Moigno, décida d'envoyer l'imprudent professeur à Laval. Mais Moigno refusa d'obéir et préféra se cacher à Paris. Après une lutte de quatre ans, il se retira de l'ordre des jésuites, continuant une carrière ecclésiastique mouvementée. En 1844, il publia le second tome de ses *Leçons*, qui, comme le premier, s'inspirait, pour la plupart des chapitres, de l'enseignement donné par Cauchy sous la Restauration. Ce dernier ne paraît guère avoir tenu rigueur à Moigno de ses ennuis avec la Compagnie : il continua, au moins jusqu'en 1844, à le fréquenter régulièrement, venant le voir dans sa retraite et correspondant avec lui à l'occasion.

En même temps qu'il soutenait de son prestige et de son savoir l'École normale ecclésiastique, Cauchy prit part en 1839 à la création de l'« Institut catholique », dont il était l'une des chevilles ouvrières. Il s'agissait de pallier par des conférences philosophiques, littéraires et scientifiques, l'absence d'un enseignement supérieur catholique. Cet institut prit véritablement son essor en 1842, après la fondation par Ambroise Rendu, en novembre 1841, du « Cercle catholique, scientifique et littéraire », un centre de conférences rival, d'orientation plus libérale, auquel participaient des hommes comme Montalembert ou Ozanam. Plusieurs réunions en janvier 1842 fixèrent les statuts de l'« Institut catholique ». Cauchy en était le secrétaire. « L'Institut catholique, expliquait une notice de février 1842, est une réunion ouverte à la fois et aux jeunes gens que le besoin de s'instruire appelle tous les ans dans la capitale, et aux hommes graves qui ont conservé le goût de l'étude ». On y trouvait, rue de Verneuil, une bibliothèque et un salon de lecture où se tenaient des conférences hebdomadaires, placées sous la direction de « comités spéciaux dans lesquels ont bien voulu entrer des hommes dont le nom fait autorité dans la science ».

Le comité de Droit et Lettres était présidé par Pardessus, de l'Académie des Inscriptions et Belles-lettres ; Cauchy présidait celui des Sciences ; un peu plus tard, on adjoignit aux deux comités primitifs un comité des arts présidé par Raoul

Rochette, le secrétaire perpétuel de l'Académie des Beaux-arts. Dans le comité des Sciences, Cauchy avait réuni autour de lui plusieurs savants légitimistes : Coriolis, Binet, Freycinet et Beudant, de l'Académie des Sciences, Leroy, Cayol, Gaultier et Claubry, Auguste de Saint-Hilaire et les docteurs Cruveilher, Recamier et Tessier. Un conseil, auquel participait Cauchy, présidé par Alban de Villeneuve-Bargemont, un « économiste philanthrope », était chargé de gérer l'Institut. Une fois par mois, il convoquait une séance générale au cours de laquelle on écoutait des lectures publiées dans un bulletin qui parut régulièrement à partir de 1842 et au moins jusqu'en 1844.

A côté d'Auguste de Saint-Hilaire qui présidait la conférence de botanique, du docteur Tessier qui présidait celle de médecine et de Gaultier de Claubry qui présidait celle de physique, Cauchy présidait la conférence de mathématique tous les mercredis à 8 heures du soir. Il faisait aussi régulièrement des lectures de poèmes et de conférences au cours des séances générales. Le rôle des savants à l'Institut catholique consistait « à éclairer la jeunesse, la diriger dans les voies de l'étude et du travail, lui apprendre à goûter le vrai et le beau, lui proposer à de fréquents intervalles les modèles qu'elle doit suivre, partager quelquefois ses travaux, lui témoigner la bienveillance et l'affection qui l'encouragent à se tenir ferme dans le chemin de la vertu, et qui laissent sans influence de perfides suggestions ». Cauchy lui-même écrivait à ce propos :

« Une jeunesse studieuse et avide de savoir se livrait depuis plusieurs années à la culture des sciences et des lettres, sans perdre de vue la religion qui est la première des sciences. Elle a désiré que l'expérience de ceux qui l'avaient précédée dans la carrière pût lui venir en aide. Elle a espéré que les maîtres de la science, les hommes que distinguent et des talents éprouvés et un attachement sincère à la foi catholique, ne refuseraient pas de lui servir de guide. Cet espoir ne sera pas trompé. Tous les membres des deux comités rivaliseront de zèle pour le succès d'une œuvre si utile. Tous demanderont, tous ont déjà demandé à Dieu qu'il daigne lui-même bénir des travaux qui ne sauraient manquer de tourner à sa gloire, puisqu'ils ont pour but la recherche de la vérité. »

L'Institut catholique n'eut finalement qu'un succès médiocre, probablement à cause de la concurrence du « Cercle catholique » et des prestigieuses conférences qu'y tenait Ozanam.

Lithographie de la Galerie des contemporains illustres. Cette lithographie, gravée d'après un tableau de J. Roller, conservé aujourd'hui au Musée de l'Ile-de-France à Sceaux, représente Cauchy dans la force de l'âge, entre quarante et quarante-cinq ans. La hauteur du front et la vivacité du regard expriment toute l'intelligence du mathématicien, tandis que le bas du visage, dont la solidité est adoucie par l'esquisse d'un sourire, lui donne la tranquille assurance du croyant. *(J.-L. Charmet)*

Parallèlement à ses activités en faveur de l'enseignement catholique, Cauchy avait repris la pratique des « bonnes œuvres » auxquelles il avait consacré tant d'heures et d'efforts avant 1830. La Congrégation s'était dispersée et une nouvelle génération d'associations charitables était apparue pendant son exil, dans lesquelles coexistaient difficilement catholiques conservateurs et catholiques libéraux. L'œuvre de loin la plus importante était la Société de Saint-Vincent-de-Paul fondée en 1833 sur les ruines de la Société des Bonnes Œuvres par quelques étudiants regroupés autour d'Ozanam et de Bailly. Cauchy y adhéra dès son retour et participa activement à ses activités charitables, en créant la conférence de Sceaux. Cependant, la modernité de l'œuvre d'Ozanam, issue de la pratique charitable de la Restauration mais détachée du bigotisme réactionnaire de la Congrégation, ne pouvait satisfaire tout à fait un homme comme Cauchy. Son ambition, comme celle d'autres légitimistes, était d'en revenir à l'idéologie contre-révolutionnaire de la Société des Bonnes Œuvres d'avant 1830.

Dans cet esprit, Cauchy participa, en avril 1839, à la fondation de l'œuvre du « Catholicisme en Europe », créée à l'instigation de l'évêque d'Edimbourg, Mgr Gillis, pour venir en aide aux catholiques des pays protestants d'Europe. L'œuvre était présidée par Ferdinand Bertier de Sauvigny ; Cauchy en était un des plus actifs propagandistes. L'association, qui publiait un bulletin, les *Annales du catholicisme en Europe*, connut pendant un temps un certain succès. 40 évêques l'approuvèrent, et en mars 1841, 1 200 personnes avaient déjà souscrits à cette œuvre à travers la France. Cependant, l'œuvre rencontrait la résistance du Conseil de Lyon de l'« Association pour la propagation de la foi dans les pays infidèles », une œuvre missionnaire dirigée par Ozanam et dont Cauchy était membre par ailleurs ; l'œuvre du « Catholicisme en Europe », bien implantée à Paris et disposant, d'un certain crédit auprès de Mgr Affre, apparaissait en effet comme un concurrent redoutable, dont on soupçonnait les intentions politiques. Deux lettres d'Ozanam à Dominique Meynis de mars 1841 révèlent les dessous de l'affaire, dénonçant l'entreprise de « noyautage » à laquelle participaient des légitimistes comme Cauchy à l'intérieur des associations charitables. Il écrivait :

« *M. Bailly croit que l'œuvre du Catholicisme est l'affaire de quelques légitimistes religieux qui regrettent d'avoir laissé échapper de leurs mains toutes les associations charitables et qui, en particulier, font leurs efforts pour accaparer la Société de Saint-Vincent-de-Paul.* »

Propos confirmés dans une lettre du 17 mars :

« L'affaire du catholicisme étant accaparée par une fraction légitimiste qui, par tous les moyens imaginables, cherche à se glisser partout... »

Au cours du même mois de mars 1841, l'archevêque de Lyon, Mgr Bonald, se rendit à Paris, où il rencontra Cauchy pour le convaincre de renoncer à cette entreprise. Il détachait en même temps Mgr Affre de l'association. Parallèlement à cette intervention, la « Propagation de la foi » s'adressa directement à Rome, où elle obtint l'appui du Pape. Cauchy, cependant, se démenait comme un beau diable. Pour contrer l'offensive de la « Propagation de la foi », il écrivit en mai 1841 au père Roothaan, général des jésuites ; il défendait la cause du « Catholicisme en Europe », expliquant qu'elle était complémentaire et non concurrente de celle de la « Propagation de la foi ». Les jésuites avaient appuyé l'œuvre de Mgr Gillis à ses débuts ; cependant, la lettre de Cauchy arrivait trop tard : la décision prise par le Pape en faveur de la « Propagation de la foi » était irrévocable, le père Roothaan refusa d'intervenir. L'entreprise, à laquelle Cauchy s'était donné, comme toujours, avec passion, se terminait par un échec.

Le premier échec au Collège de France

L'engagement de Cauchy au côté des jésuites n'allait pas tarder à nuire à sa carrière scientifique. Ses opinions le mettaient en mauvaise posture, non seulement vis-à-vis du gouvernement, mais aussi vis-à-vis de ses collègues de l'Académie des Sciences, en général fort attachés à l'Université. Cauchy en fit la cruelle expérience en 1843, alors que la querelle, alimentée par la campagne des catholiques en faveur de la liberté de l'enseignement, prenait toute son ampleur. Rappelons, en quelques mots, cet épisode assez connu de la longue guerre scolaire qui mit aux prises pendant tout le XIXe siècle les partisans et les adversaires du monopole de l'Université. L'enseignement secondaire catholique s'était développé en toute illégalité et dans des proportions considérables ; il accueillait, à la fin de 1843, environ la moitié des élèves fréquentant les collèges ;

dans chaque département, le séminaire concurrençait efficacement le collège royal. La constitution, en juillet 1843, d'un « Comité de défense de la liberté d'enseignement » révélait les ambitions des catholiques, qui avaient l'oreille de Guizot, favorable à cette liberté sous certaines conditions.

Un des aspects du débat, celui qui nous intéressera ici, concernait l'enseignement supérieur. Des expériences limitées, comme celles de l'École Normale ecclésiastique de la rue des Postes et des conférences de l'Institut catholique et du Cercle catholique, laissaient craindre aussi la création d'un enseignement supérieur catholique. La campagne des catholiques, toutes tendances confondues, se développait avec de plus en plus de violence et, à tort ou à raison, l'on accusait les jésuites d'être les inspirateurs des plus injurieux pamphlets. Une de leurs cibles principales était le Collège de France. La jeunesse des Écoles, souvent républicaine, toujours anticléricale, venait y applaudir les trois oracles de la pensée libérale : Misciewicz, Quinet et Michelet; les professeurs réactionnaires étaient chahutés et parfois interdits de parole. Plusieurs journaux de droite réclamèrent la fermeture des cours jugés séditieux. Couronnant cette campagne de dénigrement, parut à Lyon au début de 1843 un ouvrage venimeux, le *Monopole universitaire*, attribué au chanoine Desgarets mais écrit en réalité par des jésuites. Michelet et Quinet décidèrent alors de passer à la contre-offensive : ils présenteraient tous deux des leçons sur les jésuites, dans lesquelles, bien sûr, ils dénonceraient, chacun à leur manière, le système de Loyola. Michelet fit son cours sur les jésuites du 26 avril au 1er juin 1843, Quinet du 10 mai au 14 juin. Les deux cours eurent un grand retentissement et, malgré quelques incidents, les deux professeurs remportèrent un triomphe.

Précisément à la même époque, Cauchy décida de présenter sa candidature à la chaire de mathématiques du Collège de France, vacante depuis le décès de Lacroix le 25 mai 1843. Suivant la loi, le ministre nommait le nouveau professeur après la présentation d'un premier candidat par l'assemblée des professeurs du Collège et d'un second candidat par l'Académie des Sciences. Généralement, cette dernière confirmait le choix fait par les professeurs et le ministre entérinait la décision des deux assemblées. A l'assemblée des professeurs du Collège du 11 juin 1843, trois candidats se présentèrent à l'élection pour la chaire de mathématiques, Libri, Cauchy et Liouville ; l'élection s'annonçait en apparence fort bien pour Cauchy : non seulement plusieurs savants l'assuraient de leur appui, mais encore Liouville, dans sa lettre de candidature, déclarait que si l'assemblée portait son choix sur Cauchy, il serait « le premier à y applaudir ». Enfin Cauchy semblait persuadé, bien à tort, de la bienveillance de Libri à son égard.

C'était sans compter avec la politique. La querelle sur la liberté de l'enseignement, et plus précisément sur les jésuites, ne pouvait qu'influer sur l'élection. En présentant sa candidature, Cauchy faisait mine d'ignorer tous ces événements. Conscient cependant des difficultés que poserait son refus de prononcer le serment politique en cas d'élection, il avait, dans un premier temps, abandonné son projet. Pour une raison inconnue, sans doute pour ne pas laisser croire qu'il renonçait par peur d'être battu, il avait finalement confirmé sa candidature. L'assemblée des professeurs du 11 juin, après une discussion au cours de laquelle plusieurs participants prirent la parole, renvoya le scrutin au dimanche suivant, 18 juin. Du point de vue scientifique les choses étaient claires : Liouville reconnaissait les mérites supérieurs de Cauchy devant qui il s'était engagé à se désister. Quant à Libri, il ne faisait pas illusion. Il avait fait la preuve de son insuffisance comme remplaçant de Lacroix. De plus, certains, en particulier Michelet, connaissaient déjà ses malversations. Mais l'affaire était politique : il fallait absolument battre le candidat des jésuites. Habilement, Libri se présentait, lui, l'ancien protégé de Cauchy et l'ami du jésuite Moigno, comme un adversaire déterminé de la Compagnie de Jésus. Au moment de l'élection, il publia sur les jésuites deux articles sévères dans la *Revue des Deux Mondes*. De plus, il ne cessait de harceler Michelet, jurant que son échec serait une victoire de la Compagnie. La veille encore de l'élection, le 17 juin, il écrivit à Letronne une lettre, dans laquelle il affirmait que rien ne pourrait l'empêcher de continuer sa « guerre » contre les jésuites et que, s'il était écarté, « les jésuites chanteraient victoire dans leurs journaux ». Cependant, pour mieux endormir la méfiance de son concurrent, Libri participa le 13 juin avec Sturm et Cauchy à la commission académique chargée de juger un mémoire de Binet, un ami de Cauchy, professeur d'astronomie au Collège de France et partisan des jésuites.

L'assemblée des professeurs procéda le 18 juin à la nomination d'un candidat, après avoir rejeté la proposition d'un membre qui demandait que la discussion sur les titres des candidats fût rouverte, à l'occasion d'une nouvelle lettre adressée à Letronne par Cauchy, dans laquelle il assurait que dans le cas où il serait élu, « il n'y aurait point à craindre de la part du gouvernement d'obstacles sérieux » et que son cours ne serait exposé à aucune interruption. Au premier tour, sur 24 présents, Cauchy obtint 3 voix seulement, contre 12 à Libri et 9 à Liouville ; au second tour, Liouville rassembla 12 voix, Libri 11 et Cauchy fut réduit à une seule voix ; au troisième et dernier tour, Libri l'emporta par 13 voix contre 10 à Liouville et une seule à Cauchy. Le choix de Libri par les professeurs du Collège fit scandale dans la communauté mathématique. Le lendemain 19 juin, Liouville envoya à l'administrateur du Collège de France, Letronne, une lettre de démission de son poste de professeur remplaçant, dans laquelle il se déclarait « profondément humilié comme homme et comme géomètre de ce qui s'est passé hier au Collège de France ».

Il restait cependant à l'Académie à choisir son candidat. Dès la séance du 19 juin, Cauchy déclarait à ses collègues :

« Retiré à la campagne, je m'occupai de répondre à la confiance que l'Académie elle-même a bien voulu me témoigner en me nommant président de la commission chargée d'examiner les pièces envoyées au concours pour le grand prix de mathématique ; et, encore tout absorbé par les calculs que cet examen exigeait de moi, j'étais venu assister à l'avant-dernière séance de l'Académie. J'appris de la bouche de mes honorables confrères qu'il allait être question de remplacer M. Lacroix. Même plusieurs d'entre eux me pressèrent de me mettre sur les rangs. J'avoue que je ne fus pas insensible à l'espérance de pouvoir encore être, comme professeur de mathématiques, utile aux amis des sciences et à ma patrie. Je me rappelais avec bonheur que, pendant de longues années, j'avais vu se rassembler autour de ma chaire, à la Faculté des Sciences, à l'École Polytechnique et au Collège de France, des savants distingués de toute l'Europe, dont plusieurs étaient dès lors membres de cette Académie, et la plupart des géomètres qui se trouvent aujourd'hui au milieu de nous. Je crus que mon zèle et mes forces me permettraient encore de contribuer par mes leçons au progrès des sciences mathématiques. J'étais d'autant plus disposé à céder aux instances qui m'étaient faites, que je n'ignorais pas ce que les candidats eux-mêmes pensaient de mes travaux, ce

qu'ils en avaient écrit, ce qu'ils en avaient dit tout récemment encore ; et je ne fus point surpris de l'intérêt que témoignaient dans cette occasion pour un vieux professeur ces candidats, qui eux-mêmes avaient assisté autrefois à mes leçons du Collège de France. D'ailleurs, la bienveillance dont m'honoraient les professeurs du Collège, et en particulier ceux qui s'étaient occupés de sciences physiques et mathématiques, m'encourageait à donner suite à cette idée. Une seule objection avait été présentée, et pouvait laisser quelques doutes dans les esprits. On craignait, me disait-on, que pour un motif étranger à la science, l'autorisation de faire le cours ne me fut point accordée dans le cas où je serais nommé par le Collège, et par l'Académie des Sciences elle-même. Je croyais avoir la certitude morale du contraire. En France, dans les partis les plus opposés, on a toujours rendu justice à la noblesse des sentiments, et à une conduite franche et loyale ; on a toujours compris la reconnaissance, on a toujours compris le dévouement à l'infortune, jaloux de s'imposer tous les sacrifices, plutôt que de donner sciemment prétexte au moindre reproche, au blâme le plus léger. Je me rappelais l'anecdote relative au professeur Scarpa dont on connaît l'histoire, et les paroles adressées à l'un des membres de l'Académie des Inscriptions et Belles-Lettres par un ministre, au moment où il s'agissait d'appeler à la chaire d'économie politique du Collège de France un savant étranger. M'étais-je fait illusion à moi-même ? Je ne le crois pas encore. Ce que je sais seulement, c'est que plusieurs personnes l'ont supposé ; tandis que d'autres personnes, malgré mes instances, malgré la lettre que j'avais écrite et qui développait toute ma pensée, ont protesté, m'a-t-on dit, contre l'hypothèse assez généralement admise. Quoiqu'il en soit, malgré tout le désir que j'aurais de pouvoir, tandis que mes forces me le permettent encore, être utile, comme professeur de mathématiques, au progrès des sciences, dans la France, ma patrie, je déclare que je ne consentirais à être placé par l'Académie sur la liste des candidats à la chaire de mathématiques du Collège de France, que dans le cas, où il n'existerait contre ma candidature aucun obstacle sérieux, étranger à la science. »

En vérité, les jeux étaient faits. La section de géométrie, qui recevait les candidatures, annonça à l'Académie que seul Libri s'était présenté. Cauchy, comme Liouville, avait renoncé.

Le scandale était si grand que Sturm et Lamé protestèrent en leur nom personnel et déclarèrent à l'Académie « leur opposition formelle » à la candidature de Libri. Malgré une dernière lettre de Cauchy, lue le 3 juillet en séance, juste avant l'élection du candidat de l'Académie, dans laquelle il rappelait sa déclaration du 19 juin et « le rapport de la section de géométrie qui constate que je me suis tenu à l'écart et ne me suis point présenté comme candidat », Libri n'obtint que 13 suffrages sur 45, contre 28 billets blancs, 3 voix pour Cauchy et une voix pour Liouville. Il réunissait pourtant la majorité absolue des suffrages exprimés et devenait le candidat officiel de l'Académie. Une ordonnance royale ratifia ce choix en nommant Libri professeur au Collège de France. L'Académie s'était, dès le début, efforcée de réduire cette affaire en supprimant de ses *Comptes rendus* les déclarations que voulaient y publier Cauchy et Liouville, mais les blessures étaient profondes. Une vive polémique mit quelques temps plus tard aux prises Libri et Liouville à la suite d'un rapport de ce dernier sur un mémoire d'Hermite relatif à la division des fonctions abéliennes ou ultra-elliptiques. Liouville annonça à cette occasion, le 4 septembre 1843, qu'il comptait publier les papiers de Galois. Cauchy, soucieux de ne pas envenimer la dispute, préféra garder le silence tout au long de cette polémique, qui se prolongea six séances durant, du 14 août au 18 septembre 1843.

Quelques semaines plus tard, toujours dans la même conjoncture politique, l'affaire du serment se termina mal pour Cauchy. Le Bureau des longitudes, auquel l'absence en son sein d'un géomètre ne paraissait plus supportable, décida à la fin de l'année 1843 de placer les autorités devant leurs responsabilités. Le 15 novembre, il vota l'envoi d'une lettre au ministre de l'Instruction publique dans laquelle il déclarait « que l'état actuel des choses ne saurait se prolonger sans un dommage réel pour les Sciences astronomiques ». Le ministre répondit en invitant le Bureau à procéder à une nouvelle désignation, « la première ne pouvant être ratifiée, et demeurant sans effet, d'après le refus du candidat de remplir une obligation présentée par la loi ». Cauchy, aussitôt, réagit à cette décision en rédigeant une lettre ouverte, adressée au président du Bureau des longitudes, dans laquelle il rejetait l'argument du ministre, attendu qu'il n'avait jamais reçu, depuis quatre ans, aucune lettre officielle lui enjoignant de prêter serment. En même temps, il demanda à être admis, le 6 décembre, à la séance du Bureau pour y donner verbalement des explications sur sa position. Mais le Bureau, mécontent sans doute de la publication de la lettre de Cauchy sous forme de lithographie, refusa de le recevoir et procéda à l'élection d'un nouveau géomètre. Ce fut Poinsot, un adversaire de Cauchy, qui fut élu.

Son double échec au Bureau des longitudes et surtout au Collège de France fut un coup sévère pour Cauchy. Au début de 1844, renonçant pour quelques temps à ses travaux scientifiques, il se lança dans la mêlée en participant à la campagne d'opinion organisée par le père de Ravignan pour défendre les jésuites menacés une nouvelle fois d'expulsion. Le père de Ravignan avait remplacé en 1837 Lacordaire comme prédicateur à Notre-Dame et Cauchy suivait assidûment ses conférences et ses retraites organisées depuis 1841 à l'Abbaye-aux-Bois. Cauchy s'adressa aux savants dans une brochure intitulée *Considérations sur les ordres religieux adressées aux amis des Sciences* et publiée en mars 1844, dans laquelle il résumait les principaux arguments en faveur des jésuites susceptibles de toucher des hommes de science : esprit de sacrifice des ordres religieux en général, mission civilisatrice des jésuites au Paraguay, rôle de leurs collèges et de leurs élèves dans les progrès des Sciences, valeurs de leurs savants, aveuglement de leurs adversaires, etc. Peu après, il remettait aux membres de la Chambre des députés et à ceux de la Chambre des pairs un bref *Mémoire à consulter adressé aux membres des deux chambres* dans lequel il reprenait en quelques pages les arguments développés dans la brochure précédente. Le troisième opuscule, de quarante-quatre pages, publié par Cauchy en 1844, réunissait *Quelques réflexions sur la liberté d'enseignement*, classées en six chapitres. Après avoir rappelé les promesses contenues dans la charte de 1830, il affirmait la nécessité d'une instruction religieuse dans le cadre d'une « bonne éducation », et comparait l'enseignement religieux à l'enseignement scientifique. Dans le chapitre V, il condamnait le « néocatholicisme » de Lamennais et montrait dans le dernier chapitre les inconvénients du monopole universitaire. De longues négociations entre Guizot et le Pape aboutirent en 1845 à la fermeture de plusieurs établissements jésuites en France et à la dispersion de la Compagnie. Ces mesures portèrent un rude coup à la campagne de leurs partisans, qui durent se taire et s'incliner. En même temps, Montalembert tentait de regrouper derrière le drapeau de la liberté de l'enseignement l'ensemble des catholiques dans un « parti catholique » où les traditionalistes comme Cauchy se trouvaient marginalisés.

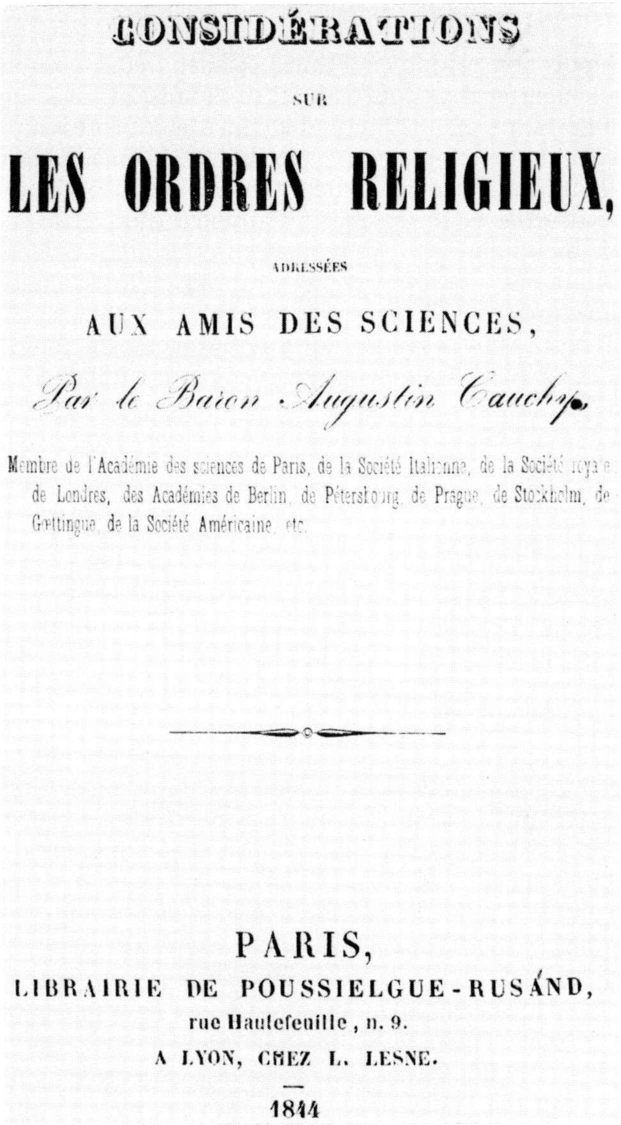

CONSIDÉRATIONS

SUR

LES ORDRES RELIGIEUX,

ADRESSÉES

AUX AMIS DES SCIENCES,

Par le Baron Augustin Cauchy.

Membre de l'Académie des sciences de Paris, de la Société Italienne, de la Société royale de Londres, des Académies de Berlin, de Pétersbourg, de Prague, de Stockholm, de Gœttingue, de la Société Américaine, etc.

PARIS,

LIBRAIRIE DE POUSSIELGUE-RUSAND,

rue Hautefeuille, n. 9.

A LYON, CHEZ L. LESNE.

1844

Considérations sur les ordres religieux adressées aux amis des sciences. En 1844, Cauchy délaissa un temps ses travaux scientifiques pour se lancer dans la bataille qui faisait rage alors entre partisans et adversaires des jésuites. Dans cet opuscule, il rassemble tous les arguments susceptibles de convaincre les « amis des sciences » du rôle positif de la Compagnie en particulier, dans le développement des sciences. (Coll. J.-L. V.) *(Belin - J.-L. Charmet)*

Un splendide isolement

Depuis son retour en France, Cauchy était conscient de son isolement et il en souffrait. Il se définissait, avec une certaine amertume, en 1842, comme « un vieux professeur que la jeunesse a si longtemps écouté avec tant de bienveillance et qui, travaillant pour elle dans le silence du cabinet, cherchait encore à lui être utile ». Il ressentait l'absence d'un enseignement comme une diminution ; il avouait en effet que « professer les mathématiques » était pour lui « un véritable bonheur », en quelque sorte son « élément » et sa « vie ». Après ses échecs de 1843, il reprit son travail solitaire. Il partageait son temps entre l'hôtel de la rue Serpente, à quelques pas du Palais de l'Institut, et la maison de Sceaux, où ses beaux-parents s'étaient retirés.

« *Ses habitudes étaient simples et paisibles à l'excès,* raconta plus tard Moigno qui l'avait bien connu pendant ces années, *son cabinet de travail était petit et modestement meublé; il écrivait le plus souvent la main levée sur une petite table sans casiers, s'éclairant la nuit de deux simples bougies avec abat-jour. Tout, dans sa chambre, et sa bibliothèque, était parfaitement en ordre; il ne sortait jamais sans enlever le bois du foyer et sans dresser le pare-feu. Il ne dépensait absolument rien pour lui, s'oubliant complètement et n'ayant aucun désir à satisfaire.* »

Réduit à un « splendide isolement » pour lequel il penchait déjà par tempérament, Cauchy ne pouvait faire école. Mais il profita du travail académique pour suivre les travaux de quelques jeunes savants de grand talent. Il eut en effet à examiner une foule de mémoires présentés à l'Académie. Trois jeunes chercheurs retinrent particulièrement son attention :

Le Verrier d'abord, un jeune astronome né en 1811 et passé par l'École Polytechnique, où il enseigna la géométrie à partir de 1841. Le Verrier cherchait depuis 1840 à déterminer l'orbite de la petite planète Pallas dont le mouvement était gravement perturbé par la présence de Jupiter. Cauchy suivit ces recherches, extrêmement longues et ardues, et c'est lui qui eut à examiner le mémoire sur Pallas présenté à l'Académie par Le Verrier en 1845. Il était très difficile de vérifier directement tous les longs calculs efffectués par l'astronome pour obtenir la grande inégalité du mouvement de la planète. Mais Cauchy y parvint facilement de deux façons différentes en utilisant des

Urbain-Jean-Joseph Le Verrier (1811-1877). Cauchy suivit les premières recherches astronomiques de Le Verrier et vérifia, en 1845, l'exactitude de ses immenses calculs sur l'orbite de la planète Pallas. Encouragé par ce premier succès, Le Verrier, élu l'année suivante à l'Académie, entreprit d'expliquer les inégalités du mouvement d'Uranus et découvrit ainsi, par le calcul, la planète Neptune, en septembre 1846. En 1849, Le Verrier, élu député à l'Assemblée législative, renonça à la chaire d'astronomie mathématique, qui avait été créée à son intention à la Faculté des sciences, pour celle d'astronomie physique, et ceci au profit de Cauchy qui put reprendre ainsi son enseignement après 16 ans d'interruption. Le Verrier prétendit alors régenter la vie scientifique : en 1850, il imposa une grande réforme à l'École Polytechnique ; nommé en 1854 directeur de l'Observatoire, il s'y fit détester par son comportement autoritaire et cassant. *(Belin - J.-L. Charmet)*

méthodes nouvelles mises au point au cours des mois précédents. Il confirmait d'ailleurs les résultats obtenus par Le Verrier qui se mit aussitôt, encouragé par ce premier succès, à étudier les perturbations inexpliquées du mouvement d'Uranus. Cette recherche aboutit un peu plus tard à la découverte par le calcul d'une nouvelle planète, Neptune, confirmée par l'observation en septembre 1846 ;

Laurent ensuite, polytechnicien lui aussi, qui préparait des mémoires scientifiques tout en poursuivant une carrière d'ingénieur militaire au Havre. Cauchy examina les mémoires qu'il envoyait à l'Académie, en particulier celui de 1843, dans lequel, généralisant le théorème de Turin énoncé en 1831, il donnait le développement en série, dite aujourd'hui de Laurent, d'une fonction holomorphe dans une couronne. Laurent entreprit d'autres recherches intéressantes, en particulier sur la théorie de la lumière, mais il mourut prématurément en 1854, à quarante et un ans ;

enfin Barré de Saint-Venant né en 1797, ancien élève de l'École Polytechnique comme les deux précédents, et ingénieur des Ponts et Chaussées, qui entreprit dès les années 1830 d'importantes recherches en mécanique. Cauchy étudia avec beaucoup d'intérêt les mémoires sur la théorie de l'élasticité présentés par Saint-Venant entre 1843 et 1847 et s'inspira à la fin de sa vie de son « calcul géométrique » pour élaborer son interprétation géométrique des nombres imaginaires et pour créer sa propre théorie des « clés algébriques ». Dès 1843, Cauchy soutint Saint-Venant à l'Académie mais ce n'est qu'en 1868, onze ans après la mort de Cauchy, qu'il fut élu académicien.

Cauchy continua la pratique des œuvres charitables pendant les dernières années de la Monarchie de juillet mais sans plus prétendre les diriger dans le sens de ses opinions. Il rédigea une pétition, qu'il fit circuler parmi ses collègues, tendant à provoquer « la sollicitude du gouvernement et celle des autorités publiques sur l'œuvre charitable et de haute moralité, connue sous le nom de Saint-Régis ». Cent soixante-quatorze membres de l'Institut apposèrent leur signature. A la suite de cette pétition, une commission de l'Institut présidée par Portalis et à laquelle Cauchy participait, à côté d'hommes comme Tocqueville, Villeneuve, Villermé et Pardessus, proposa à la Chambre des députés un amendement à la loi de finance, soutenu par

Adhémar Barré de Saint-Venant (1797-1886), polytechnicien, ingénieur des Ponts et Chaussées, poursuivit, à partir de 1838, les recherches de Cauchy sur la théorie de l'élasticité. Il introduisit la notion de glissement dans l'étude des déformations et corrigea les formules obtenues par Cauchy pour la flexion et la torsion d'une barre élastique. Sa théorie des quantités géométriques, utilisée en mécanique, inspira Cauchy dans son interprétation géométrique des imaginaires en 1849 et dans sa théorie des clefs algébriques en 1853. Cauchy soutint en vain la candidature de Saint-Venant à l'Académie en 1843 et celui-ci dut attendre 1868, onze ans après la mort de Cauchy, pour être élu dans la section de mécanique. Plus tard, Saint-Venant encouragea les recherches de J. Boussinesq en hydrodynamique et participa, avec Tresca et M. Lévy, à l'élaboration de la plasticoélasticité. *(Belin - J.-L. Charmet)*

Villeneuve et adopté le 19 juin 1846, qui dispensait des droits de timbre et d'enregistrement les extraits d'actes de toute espèce demandés par les indigents pour la célébration de leur mariage.

Encouragé par la réussite de cette entreprise, Cauchy intervint une nouvelle fois à l'Institut en faveur de l'« Œuvre de l'agonie irlandaise ». Il s'agissait de venir en aide aux Irlandais victimes de la terrible famine de 1846. Henri de Riancey a raconté l'épisode en 1857 :

« Un matin, avant l'aube, il accourt chez celui qui écrit ces lignes; il veut exécuter une pensée nouvelle. Une supplique sera adressée au Père commun des fidèles; elle sollicitera un appel direct du Souverain Pontife à la catholicité pour arracher un peuple fidèle à la faim et la mort. Cette supplique, l'Institut sera convié à la signer, sans distinction d'opinions, de nuances, de religion même; après l'Institut, les chambres, les salons, tout ce qui possède quelque notoriété en France. La lettre est rédigée : c'est Cauchy qui la portera de porte en porte avec les instances redoublées de sa commisération qui ne craint pas d'être importune. Il est sûr du succès, et rien ne l'arrêtera. En peu de jours, Cauchy, épuisé, presque malade de fatigue, avait recueilli des signatures par centaines; il les remettait au nonce apostolique qui, ému et émerveillé, les envoyait en toute hâte à Rome. »

Cauchy vivait maintenant, au seuil de la vieillesse, seul avec sa femme, Aloïse. Ses deux filles avaient quitté la maison pour se marier, Alicia, en 1842, avec Félix de l'Escalopier, un conseiller à la Cour des comptes, et Mathilde, en 1846, avec Alfred de Saint-Pol, un gentilhomme normand. La mort de son beau-père en 1847 laissa à sa femme l'hôtel de Bure et la propriété à Sceaux. A la veille de la Révolution de 1848, Cauchy continuait, dans sa retraite, à produire abondamment, mais il semblait avoir définitivement renoncé à une carrière universitaire.

La théorie des fonctions

Par théorie des fonctions il faut entendre la théorie des fonctions d'une variable complexe, développée par Cauchy de 1814 à sa mort. Peu de mathématiciens s'y intéressèrent avant la fin des années 1840 et, fait assez exceptionnel dans l'histoire des mathématiques, presque tous les progrès accomplis jusque-là dans cette théorie, sauf de rares exceptions, sont à mettre à son compte.

Le développement de la théorie des fonctions peut être divisé en trois périodes. Dans une première période qui s'étend de 1814 à 1830, Cauchy élabora une théorie de l'intégration dans le plan complexe, dont il déduisit un très fécond « calcul des résidus ». A partir de 1831 et jusqu'en 1846, son intérêt principal se tourna vers l'étude et les applications des développements en série d'une fonction d'une variable complexe. Enfin, de 1846 à sa mort, Cauchy reprit l'ensemble de ses travaux et s'attacha à dégager les fondements de sa théorie.

Nous suivrons donc ici chronologiquement le chemin emprunté par Cauchy, depuis son mémoire fondateur de 1814 *Sur les intégrales définies* jusqu'à ses articles fondamentaux des *Exercices d'analyse et de physique mathématique* publiés dans les années 1850.

La théorie de l'intégration dans le plan complexe

C'est en août 1814 que Cauchy présenta, à vingt-cinq ans, son premier mémoire d'analyse à l'Académie *Sur les intégrales définies*[1]. Son intention, proclamée dans l'introduction de son mémoire, était de rendre rigoureuse une méthode d'intégration utilisée déjà par Euler et surtout par Laplace, dont il était un

1. Ce mémoire n'a été publié qu'en 1827, complété par des notes rédigées en 1825. Voir *O.C.*, 1, I, pp. 329-506.

protégé à cette époque. Cette méthode était fondée sur une extension du calcul d'intégrales des fonctions d'une variable réelle aux fonctions d'une variable complexe. La valeur de plusieurs intégrales réelles avait pu être ainsi obtenue et l'exactitude des résultats confirmée ultérieurement par d'autres procédés. Cependant Laplace était conscient du caractère peu rigoureux de la méthode et c'est lui, probablement, qui conseilla au jeune Cauchy le sujet de son mémoire.

De manière générale, on peut remarquer que les mathématiciens du XVIIIe siècle, en particulier Euler, manipulaient de plus en plus couramment les nombres complexes, ou imaginaires, sans bien savoir ce que signifiaient ces nombres paradoxaux. Quel sens devait-on donc donner par exemple à $\sqrt{-1}$? Cauchy ne proposait aucune réponse dans son mémoire de 1814, dans lequel il évitait au maximum l'emploi des imaginaires. Cependant il adoptait déjà implicitement l'interprétation symbolique qu'il allait proposer dans son *Analyse algébrique* de 1821 et à laquelle il resta fidèle jusqu'à la fin des années 1840.

Le nombre imaginaire $a + b\sqrt{-1}$ est une « expression symbolique », représentant le couple de nombres réels (a, b). Quant au symbole $\sqrt{-1}$, il n'est qu'un « outil, un instrument de calcul », qui ne signifie rien en lui-même mais qui permet d'arriver plus rapidement à la solution de certains problèmes. Pour définir, par exemple, la multiplication de deux expressions imaginaires, il suffit d'opérer comme s'il s'agissait de nombres réels, en tenant compte du fait que $(\sqrt{-1})^2 = -1$; alors, on a

$$(a + b\sqrt{-1})(c + d\sqrt{-1}) =$$
$$ac + (ad + bc)\sqrt{-1} + bd(\sqrt{-1})^2 =$$
$$(ac - bd) + (ad + bc)\sqrt{-1}.$$

De même, une « équation symbolique »
$a + b\sqrt{-1} = c + d\sqrt{-1}$
est la représentation de deux équations entre quantités réelles : $a = c$ et $b = d$. Cette conception très formaliste des expressions imaginaires avait le mérite de la clarté, mais elle n'expliquait ni leur rôle grandissant dans l'analyse ni la nature profonde des résultats obtenus dans le mémoire de 1814.

Cauchy y considérait une fonction $f(z) = P(x, y) + P'(x, y)\sqrt{-1}$ de la variable $z = M(x, y) + N(x, y)\sqrt{-1}$ et obtenait d'abord, par une manipulation habile mais peu rigoureuse des signes d'intégration et de différentiation, un système fondamental de deux équations différentielles, que l'on peut écrire, dans le cas simple où $M(x, y) = x$ et $N(x, y) = y$

$$\frac{\partial P}{\partial x} = \frac{\partial P'}{\partial y} \qquad \text{et} \qquad \frac{\partial P}{\partial y} = -\frac{\partial P'}{\partial x} \tag{1}$$

Ces équations de condition (appelées aujourd'hui équations de Cauchy-Riemann) renferment, expliquait-il, « toute la théorie du passage du réel à l'imaginaire ». Cauchy intégrait ensuite ces équations entre des limites données par rapport aux deux variables x et y :

$$\begin{aligned} \int_{y_0}^{Y}\int_{x_0}^{X} \frac{\partial P}{\partial x}\,dx\,dy &= \int_{y_0}^{Y}\int_{x_0}^{X} \frac{\partial P'}{\partial y}\,dx\,dy \\ \int_{y_0}^{Y}\int_{x_0}^{X} \frac{\partial P}{\partial y}\,dx\,dy &= \int_{y_0}^{Y}\int_{x_0}^{X} -\frac{\partial P'}{\partial x}\,dx\,dy \end{aligned} \tag{2}$$

Puis il étudiait deux cas :

Soit P et P' sont deux fonctions continues, au sens défini par Cauchy dans son *Analyse algébrique*, et il est alors possible de permuter l'ordre des intégrations et d'en déduire deux égalités entre deux intégrales simples :

$$\begin{aligned} \int_{y_0}^{Y} [P(x, y) - P(x_0, y)]\,dy &= \int_{x_0}^{X} [P'(x, y) - P'(x, y_0)]\,dx \\ \int_{x_0}^{X} [P(x, y) - P(x, y_0)]\,dx &= \int_{x_0}^{X} [P'(x, y) - P'(x_0, y)]\,dy \end{aligned} \tag{3}$$

Soit P (ou P') prend une valeur infinie en un point a du domaine d'intégration, et il n'est plus possible, remarquait Cauchy, d'effectuer cette permutation. Il calculait alors, dans le cas où a est un pôle simple, c'est-à-dire où, $f(a)$ étant infinie,

$(z-a)f(z)$ tend vers une limite finie quand z approche de a, la différence entre les intégrales simples contenues dans chacune des deux égalités précédentes au moyen d'un nouveau type d'intégrales, qu'il appelait intégrales singulières, et obtenait ainsi, séparée en partie réelle et partie imaginaire, une expression (qu'il nomma en 1825 résidu de la fonction $P + P'\sqrt{-1}$ au point a) multipliée par $2\pi\sqrt{-1}$.

Au début des années 1820, Cauchy réalisa, à l'occasion de ses recherches sur la théorie des équations linéaires aux dérivées partielles, quelques progrès significatifs dans sa théorie des fonctions. En 1814, comme nous l'avons vu, il évitait de placer sous le signe $\int$ une fonction d'une variable complexe, séparant toujours soigneusement partie réelle et partie imaginaire. Entre 1820 et 1823, il introduisit les « intégrales imaginaires »[1]. Si u et v sont des fonctions réelles de x,

$$\int_{x_0}^{X}(u + v\sqrt{-1})\,\mathrm{d}x = \int_{x_0}^{X} u\,\mathrm{d}x + \sqrt{-1}\int_{x_0}^{X} v\,\mathrm{d}x$$

Cette notation lui permettait de réécrire de manière plus synthétique les résultats obtenus en 1814. Par exemple, les équations (3) peuvent s'écrire sous forme d'une seule équation :

$$\int_{x_0}^{X}[(\mathrm{P}(x,Y)+\sqrt{-1}\,\mathrm{P}'(x,Y))-(\mathrm{P}(x,y_0)+\sqrt{-1}\,\mathrm{P}'(x,y_0))]\,\mathrm{d}x =$$

$$\sqrt{-1}\int_{y_0}^{Y}[(\mathrm{P}(X,y)+\sqrt{-1}\,\mathrm{P}'(X,y))-(\mathrm{P}(x_0,y)+\sqrt{-1}\,\mathrm{P}'(x_0,y))]\,\mathrm{d}y \qquad (4)$$

D'autre part, alors qu'en 1814 il calculait le résidu d'une fonction $f(z)$, uniquement en un pôle simple, il disposait maintenant d'une formule valable pour un pôle multiple d'ordre m quelconque (c'est-à-dire un point a tel que $f(a)$ est infinie mais $(z-a)^n f(z)$ tend vers une limite finie quand z s'approche de a pour $n \geqslant m$).

Cependant le pas décisif fut franchi en 1825, probablement à l'occasion de son nouvel enseignement au Collège de France, dans son fameux mémoire *Sur les intégrales définies*

1. Voir par exemple le *Calcul infinitésimal*, 23e leçon, *O.C.*, 2, IV, p. 125.

prises entre des limites imaginaires[1]. Cauchy y étendait la définition, donnée en 1821, de l'intégrale d'une fonction continue d'une variable réelle comme limite de « sommes de Riemann » aux fonction d'une variable complexe. Peut-être était-il influencé par Poisson qui, dans un mémoire de 1820, étudiait les valeurs d'une intégrale prise entre deux valeurs réelles quand on passe par des valeurs imaginaires entre les limites d'intégration. Mais Cauchy avait critiqué la méthode non rigoureuse de Poisson et il faut chercher plutôt sa source d'inspiration dans des travaux restés inédits du jeune russe Ostrogradski et de l'ingénieur en chef des Ponts et Chaussées Brisson.

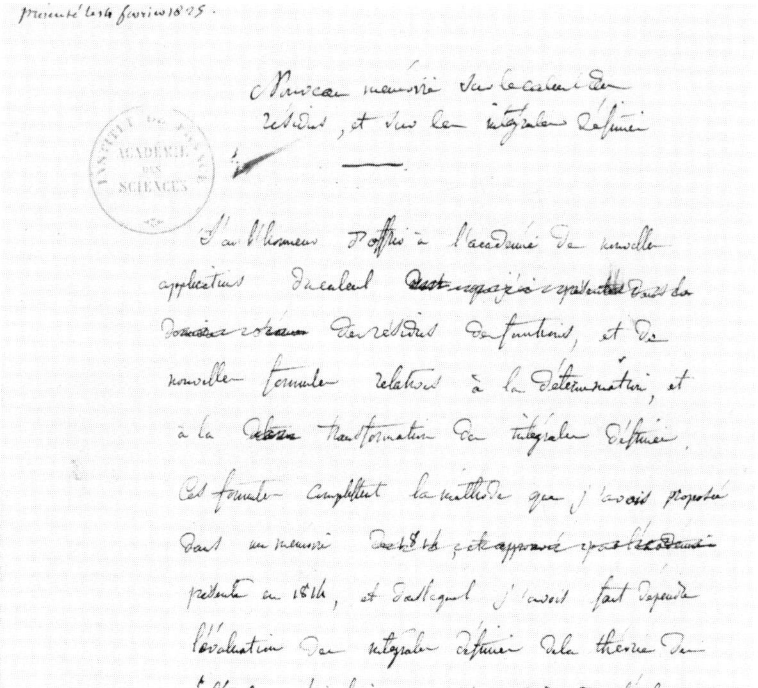
présenté le 14 février 1825.

Nouveau mémoire sur le calcul des résidus, et sur les intégrales définies

J'ai déjà eu l'honneur d'offrir à l'académie de nouvelles applications du calcul des résidus de fonctions, et de nouvelles formules relatives à la détermination, et à la transformation des intégrales définies. Ces formules complètent la méthode que j'avais proposée dans un mémoire présenté en 1814, et dans lequel j'avais fait dépendre l'évaluation des intégrales définies de la théorie des intégrales singulières, c'est-à-dire d'intégrales prises entre des limites infiniment rapprochées, mais dans lesquelles la fonction sous le signe ∫ devient indéterminée ou infinie. Dans le mémoire de

1. *O.C.*, 2, XV, pp. 41-89.

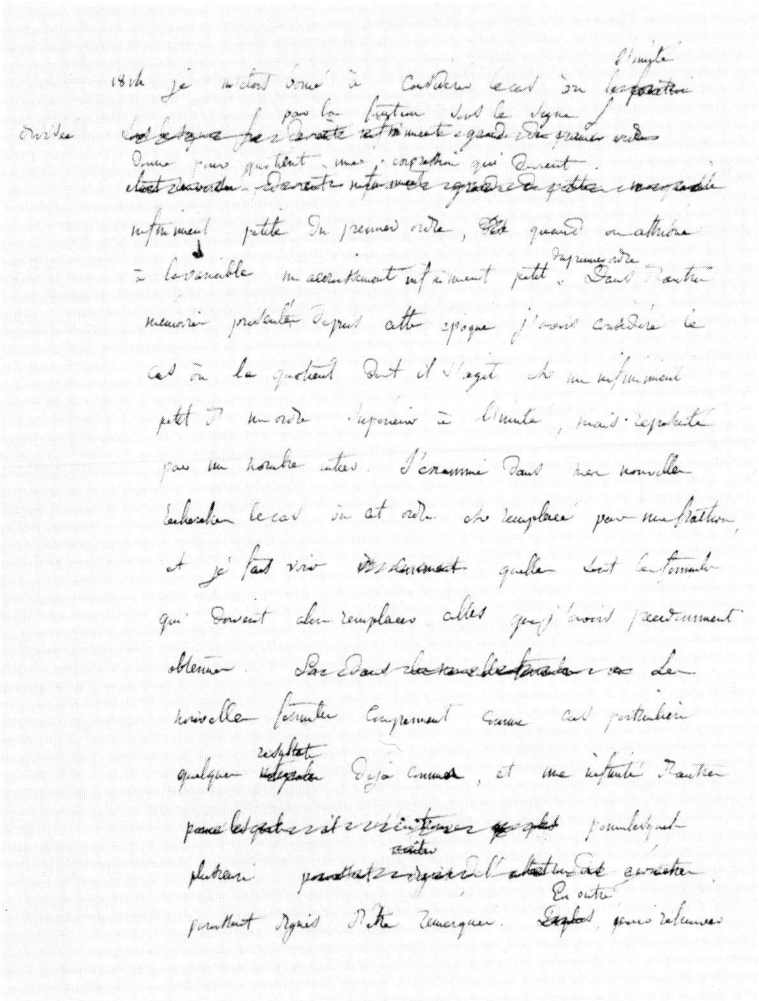
1814 je m'étois borné à considérer le cas où l'intégrale
par la fonction sous le signe ∫
donne pour quotient, mais ... qui devient
infiniment petite du premier ordre, quand on attribue
à la variable un accroissement infiniment petit du premier ordre. Dans d'autres
mémoires postérieurs depuis cette époque j'avois considéré le
cas où la quotient dont il s'agit est un infiniment
petit d'un ordre supérieur à l'unité, mais représenté
par un nombre entier. J'examine dans mes nouvelles
recherches le cas où cet ordre est remplacé par une fraction,
et je fais voir ... quelles sont les formules
qui doivent alors remplacer celles que j'avois précédemment
obtenues. ... les
nouvelles formules comprennent comme cas particuliers
quelques résultats déjà connus, et une infinité d'autres
... parmi lesquels
plusieurs ... caractère
paraissent dignes d'être remarqués. En outre, nous retrouvons

et aucune formule, il suffit de substituer aux fractions ~~[illegible]~~ des quantités infiniment ~~petites~~ dont nous avons parlé des nombres entiers diminués de quantités infiniment petites, qu'on réduit bientôt après à zéro.

~~[illegible] 1825~~

Le dernier paragraphe du ~~M. Cauchy~~ nouveau mémoire est consacré à l'examen ~~des valeurs~~ [illegible] et de la nature des valeurs que ~~peut~~ peut admettre ~~une~~ une intégrale définie prise entre des limites imaginaires. ~~[illegible]~~ On sait que M. Laplace a ~~tiré~~ obtenu des résultats curieux de la considération de ces intégrales. Un jeune russe, doué d'une grande sagacité, et très versé dans la connaissance de l'analyse infinitésimale, M. Ostrogradski, en a déduit l'une des formules générales que nous avons publiées dans le Journal de l'école Polytechnique. Enfin M. Cauchy nous a ~~publié~~ annoncé que dans un travail dont il s'occupe actuellement, il faisait servir ces intégrales à la sommation des séries périodiques et de celles dont les différents termes renferment des exponentielles qui suivent une loi connue.

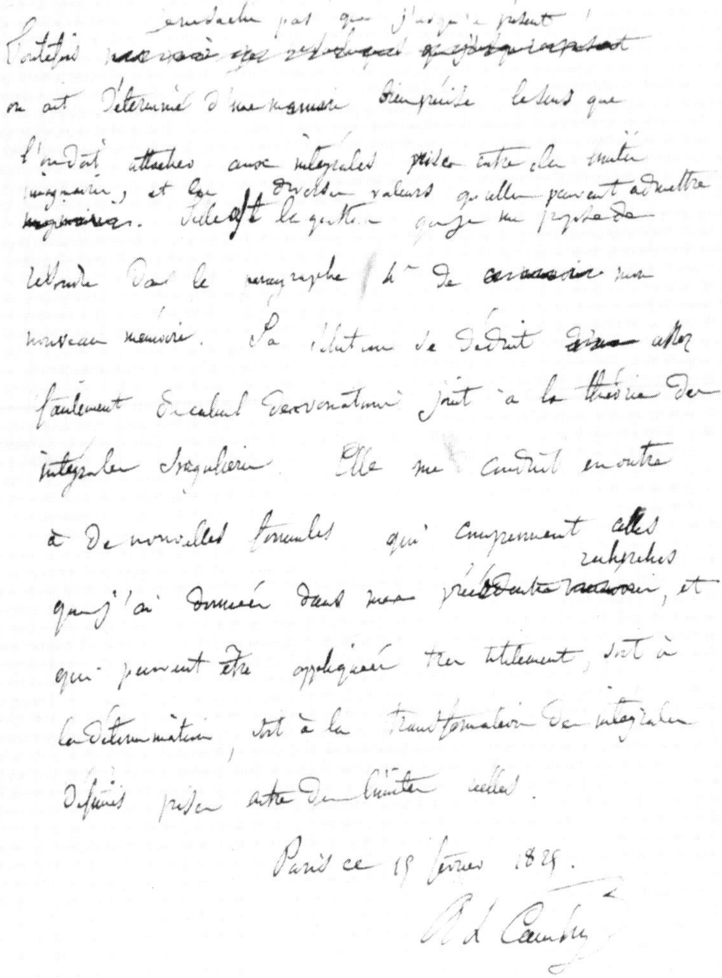
Toutefois je n'avais pas jusqu'à présent déterminé d'une manière bien précise le sens que l'on doit attacher aux intégrales prises entre des limites imaginaires, et les diverses valeurs qu'elles peuvent admettre. Telle est la question que je me propose de traiter dans le paragraphe 4e de ce nouveau mémoire. La solution se déduit assez facilement du calcul des résidus joint à la théorie des intégrales singulières. Elle me conduit en outre à de nouvelles formules qui comprennent celles que j'ai données dans mes précédents mémoires, et qui peuvent être appliquées très utilement, soit à la détermination, soit à la transformation des intégrales définies prises entre des limites réelles.

Paris ce 14 février 1825.

A. L. Cauchy

Nouveau mémoire sur le calcul des résidus et sur les intégrales définies. Dans cette note, conservée au secrétariat de l'Académie des sciences, et restée inédite, Cauchy annonçait, le 14 février 1825, les principaux résultats de son fameux mémoire *Sur les intégrales définies prises entre des limites imaginaires,* publié quelques semaines plus tard. On notera la fermeté et la régularité de l'écriture de Cauchy, reflet fidèle de l'assurance et de la rigueur du mathématicien. *(Belin - J.-L. Charmet)*

Contrairement au cas réel, il est possible de passer continûment d'un nombre complexe à un autre d'une infinité de manières différentes. Adoptant implicitement une représentation géométrique des imaginaires à laquelle il ne se ralliera ouvertement que bien des années plus tard, Cauchy définissait analytiquement les chemins continûment différentiables (terme proposé par Puiseux en 1848), reliant deux points du plan complexe, le long desquels il intégrait la fonction. Il montrait alors que, si la fonction est finie et continue (en fait, holomorphes) dans un domaine contenant ces deux points, la valeur des intégrales curvilignes prises le long des chemins joignant ces deux points et contenus dans ce domaine est constante. En conséquence, comme le remarqua Cauchy en 1831, l'intégrale le long d'un chemin fermé est identiquement nulle. L'équation (3), établie en 1814, est un cas particulier, correspondant à un chemin fermé rectangulaire dont les côtés sont parallèles aux axes, de ce théorème, appelé aujourd'hui « théorème de Cauchy ». S'il existe un pôle dans la portion du plan complexe compris entre deux chemins différents joignant les deux points, les valeurs des intégrales prises le long de ces chemins ne sont plus égales. Comme Cauchy l'avait déjà montré en 1814 à propos des chemins rectangulaires parallèles aux axes, la différence s'obtient en multipliant par $2\pi\sqrt{-1}$ le résidu de la fonction en ce pôle. C'est le fameux « théorème des résidus » (fig. 16).

En même temps qu'il introduisait l'intégrale curviligne définie dans le plan complexe, il développait dans ses cours au Collège de France un calcul formel, le « calcul des résidus », qui lui permettait de présenter plus simplement les nombreuses applications de sa théorie des fonctions. Si a est un pôle d'ordre m de la fonction $f(z)$, le résidu de f en a est le coefficient de $(z-a)^{m-1}$ dans le développement de la fonction $g(z) = (z-a)^m f(z)$, finie et continue (en fait holomorphe) au voisinage de a. Ce résidu peut donc s'écrire

$$\frac{g^{(m-1)}(a)}{(m-1)\,!}$$

Si a est un pôle simple, le résidu de f en a est simplement

$$g(a) = \lim_{z \to a} (z-a)\, f(z).$$

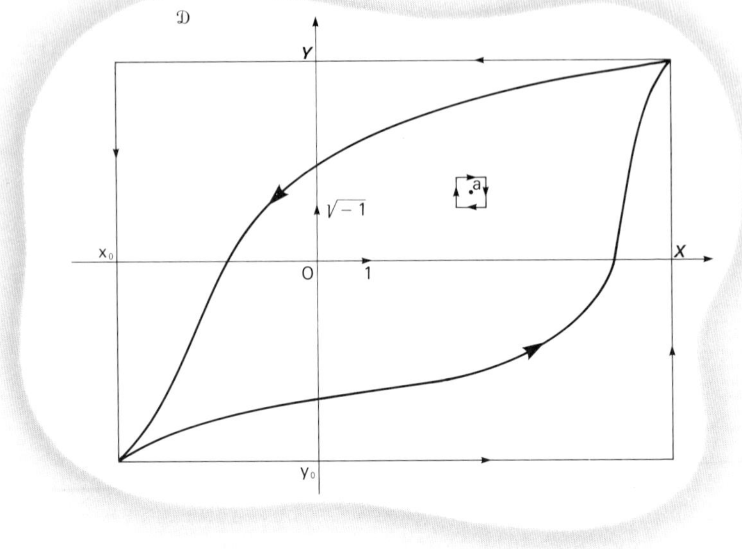

Fig. 16 - Le théorème de Cauchy et le théorème des résidus. Géométriquement, les chemins fermés sont des circuits réguliers tracés dans le plan complexe. Si une fonction f(z) est holomorphe dans un certain domaine 𝔇 du plan, son intégrale prise le long de tout chemin fermé γ contenu dans 𝔇, est identiquement nulle. C'est le théorème de Cauchy, que l'on écrit

$$\int_\gamma f(z)\, dz = 0$$

Cauchy avait démontré ce théorème dès 1814 pour un rectangle dont les côtés sont parallèles aux axes ; il le généralisa en 1825 à des chemins quelconques. Mais, s'il existe, comme dans le dessin ci-dessus, un point isolé a, appelé pôle où elle prend une valeur infinie mais où, pour m assez grand $g(z) = (z - a)^m f(z)$ est holomorphe, pour obtenir la valeur de l'intégrale de f(z) le long d'un chemin fermé γ entourant a, il faut calculer l'intégrale de f(z) le long d'un chemin fermé infiniment petit autour de a. Cauchy y parvint dès 1814 dans le cas d'un pôle simple a, c'est-à-dire tel que (z − a) f(z) est holomorphe, grâce à ses intégrales singulières. Plus tard, il généralisa sa méthode à des pôles d'ordre quelconque et créa le calcul des résidus, qui permet d'arriver plus simplement au résultat. C'est le théorème des résidus, que Cauchy écrit

$$\int_\gamma f(z)\, dz = 2\pi\sqrt{-1}\ \mathcal{E}((f(z))),$$

$\mathcal{E}$ désignant l'extraction des résidus correspondant aux pôles de f intérieurs à γ.

Cauchy appelait résidu intégral de *f* la somme des résidus relatifs à tous les pôles de *f*, qu'il notait

$$\mathcal{E}((f(z))).$$

Il établissait aussi une notation pour le résidu intégral de *f* entre des limites données. Par exemple, pour représenter le résidu intégral de f étendu à tous les pôles contenus dans un cercle de centre 0 et de rayon r, il écrivait

$$\mathop{\mathcal{E}}\limits_{(0)}^{(\mathrm{r})}{}_{(-\pi)}^{(\pi)} ((f(z))).$$

Avec les notations du calcul des résidus, le théorème des résidus s'écrit alors

$$\int_{C} f(z)\, dz = 2\pi\sqrt{-1}\ \mathop{\mathcal{E}}\limits_{(0)}^{(\mathrm{r})}{}_{(-\pi)}^{(\pi)} ((f(z))) \qquad (5)$$

si le chemin emprunté par f dans le plan complexe est un contour circulaire C de centre 0 et de rayon r.

Cauchy consacra aux applications du calcul des résidus toute une série d'articles publiés entre 1826 et 1829 dans les *Exercices de mathématiques*[1]. Il y donnait des méthodes pour calculer les intégrales impropres et des séries, pour décomposer en fractions simples une fraction rationnelle, ou encore pour obtenir les solutions d'une équation différentielle linéaire. Il utilisait aussi son calcul pour tenter de démontrer la formule de Fourier et la convergence des séries de Fourier. Un exemple simple permet d'illustrer la fécondité de ce calcul des résidus : dès 1819, Cauchy avait obtenu, au moyen de ses intégrales singulières, une formule intégrale pour représenter la somme des fonctions semblables de plusieurs racines d'une fonction F(z). Cette formule se retrouve et s'écrit très simplement au moyen du calcul des résidus[2].

Supposons, par exemple, une fonction entière F(z), ayant n racines $z_1, z_2, \ldots, z_n$ à l'intérieur d'un cercle C de centre 0 et de rayon r, et une fonction $\varphi(z)$ finie et continue (on dirait aujourd'hui holomorphe) dans un domaine contenant C. Alors on a, pour la somme des n fonctions semblables $\varphi(z_i)$ de ces racines, l'expression :

$$\varphi(z_1) + \varphi(z_2) + \ldots + \varphi(z_n) = \mathop{\mathcal{E}}\limits_{(0)}^{(\mathrm{r})}{}_{(-\pi)}^{(\pi)} \frac{\varphi(z)\, F'(z)}{F(z)}$$

Cette formule est susceptible de nombreuses applications, en particulier pour résoudre les équations différentielles linéaires.

1. *O.C.*, 2, VI - IX. 2. *O.C.*, 2, VI, pp. 401-421.

Le développement des fonctions en séries entières

Après son départ de France et un silence à peu près complet d'une année, Cauchy présenta à Turin, en octobre 1831, un mémoire de mécanique céleste dans lequel il énonçait un théorème fondamental sur le développement en série entière d'une fonction d'une variable complexe[1]. Cauchy avait rejeté la théorie des fonctions analytiques de Lagrange parce que les fonctions d'une variable réelle, même indéfiniment dérivables, ne sont pas toujours développables en série entière par la formule de Taylor.

Cauchy établissait d'abord, par le calcul des résidus, une formule intégrale, dite aujourd'hui formule de Cauchy, représentant la valeur d'une fonction f d'une variable complexe, finie et continue dans un disque ouvert centré sur 0, en un point z de ce disque. Considérant un cercle C de centre 0 et de rayon r contenu dans ce disque et un point z à l'intérieur de ce cercle, il remarquait en effet que la fonction $\dfrac{f(t)}{t-z}$ est une fonction dotée du seul pôle simple z dans le disque ouvert et que, par conséquent,

$$\mathop{{}_{(0)}^{(r)}\mathcal{E}}\nolimits_{(-\pi)}^{(\pi)} \left(\left(\frac{f(t)}{t-z}\right)\right) = \lim_{t \to z} \frac{f(t)\,(t-z)}{t-z} = f(z)$$

Appliquant le théorème des résidus (formule (5)), il obtenait alors la formule

$$f(z) = \frac{1}{2\pi\sqrt{-1}} \int_C \frac{f(t)}{t-z}\,dt \qquad (6)$$

En développant en série entière à l'intérieur du cercle C la fonction $u(z) = \dfrac{1}{t-z}$ et en intervertissant les signes d'intégration et de sommation, Cauchy déduisait de sa formule intégrale un développement en série de $f(z)$, avec les coefficients de la forme

$$a_n = \frac{1}{2\pi\sqrt{-1}} \int_C \frac{f(t)}{t^{n+1}}\,dt \qquad (7)$$

1. *O.C.*, 2, XV, pp. 262-411.

Par conséquent la fonction f est développable en série de Taylor dans le disque de centre 0 et de rayon égal à la distance de 0 au point le plus proche où la fonction f cesse d'être finie et continue (c'est-à-dire, en fait, holomorphe). C'est le théorème de Turin.

Cauchy déduisait en outre aisément de ces formules intégrales des majorations pour les normes des coefficients et du reste de la série de Taylor représentant f dans son disque de convergence. Ce sont les fameuses « inégalités de Cauchy », point de départ du « calcul des limites » (aujourd'hui appelé méthode des majorantes) que Cauchy utilisa systématiquement en théorie des équations différentielles de 1835 à sa mort [1].

Après son retour en France, en 1838, Cauchy publia plusieurs démonstrations de son théorème de Turin et parut hésiter sur les conditions à imposer à la fonction dans son disque de convergence, supposant un temps non seulement la fonction mais aussi sa dérivée finies et continues. En 1843, à la suite d'un travail de Laurent qu'il eut à examiner à l'Académie, il étendit son théorème aux fonctions finies et continues dans une couronne de centre 0 : celles-ci sont développables en séries dites de Laurent, plus générales que les séries de Taylor.

Sur les fondements de la théorie des fonctions

Jusqu'en 1846, Cauchy multiplia les applications de sa théorie et en négligea complètement les fondements, qui restaient pourtant insuffisants comme le montraient ses hésitations dans l'énoncé de son théorème de Turin. Une polémique avec Lamarle, un mathématicien belge, qui abordait, dans un article d'avril 1846 consacré à ce théorème, le problème de l'uniformité des fonctions d'une variable complexe (c'est-à-dire le fait qu'une fonction prenne une valeur unique en un point quel que soit le chemin par lequel on s'approche continûment de ce point), décida Cauchy à rouvrir le chantier théorique.

Dans ses nouvelles recherches, Cauchy adoptait une présentation géométrique, déjà sous-jacente dans ses mémoires de 1825 et de 1831 mais maintenant tout à fait explicite. Néanmoins, il hésita encore trois ans avant d'adopter définitivement en 1849, sous le nom de « théorie des quantités géométriques »,

1. Voir par exemple *O.C.*, 2, XI, pp. 399-465.

l'interprétation géométrique des nombres complexes proposée dès le début du XIXe siècle par Wessel et Argand et auquel Gauss s'était rallié publiquement en 1831. Sa conception de la rigueur mathématique explique ses réticences, encore sensibles en 1846 : pour lui, une image géométrique ne peut être une définition, car les mathématiques sont fondées sur des propositions formellement cohérentes et non sur des intuitions. Finalement, les travaux de son disciple Barré de Saint-Venant sur le « calcul géométrique » et les nécessités de l'analyse l'emportèrent sur les scrupules et Cauchy renonça à son interprétation symbolique des imaginaires (ainsi qu'à sa remarquable mais stérile théorie des équivalences algébriques créée en 1847[1]), au profit d'une interprétation géométrique des nombres complexes.

Dans l'interprétation géométrique aujourd'hui universellement utilisée, le nombre complexe $a + i b$ (en 1847, Cauchy substitue le symbole i, déjà utilisé par Euler, à l'expression $\sqrt{-1}$) est représenté par le point M d'abscisse a et d'ordonnée b dans le plan complexe muni de deux axes rectangulaires réel et imaginaire ; en coordonnées polaires, il est défini par la longueur du rayon vecteur OM mené de l'origine O au point M (module ρ) et par l'angle, défini à $2\,k\pi$ près, que fait OM avec la demi-droite réelle positive Ox (argument θ). Les opérations sur les nombres complexes se réduisent à des déplacements sur le plan. Par exemple, multiplier le nombre de module ρ et d'argument θ par le nombre de module ρ' et d'argument θ' revient à construire le nombre de module $\rho\rho'$ et d'argument $\theta + \theta'$ (fig. 17).

En août 1846, Cauchy publia donc plusieurs mémoires dans les *Comptes rendus* où il utilisait la formule dite aujourd'hui de Green-Riemann pour déduire des équations de Cauchy-Riemann le théorème de Cauchy et de la formule intégrale représentant l'indice d'un chemin fermé, le théorème des résidus[2]. Puis il commença à étudier le cas où la fonction à intégrer n'est pas uniforme en certains points[3], laissant à son disciple Puiseux le soin de développer cette question.

La nomination de Cauchy à la chaire d'astronomie mathé-

1. *O.C.,* 2, XIV, pp. 93-120.
2. *O.C.,* 1, X, pp. 71-75 et pp. 135-143.
3. *O.C.,* 1, X, pp. 80-109, pp. 124-133 et pp. 143-168.

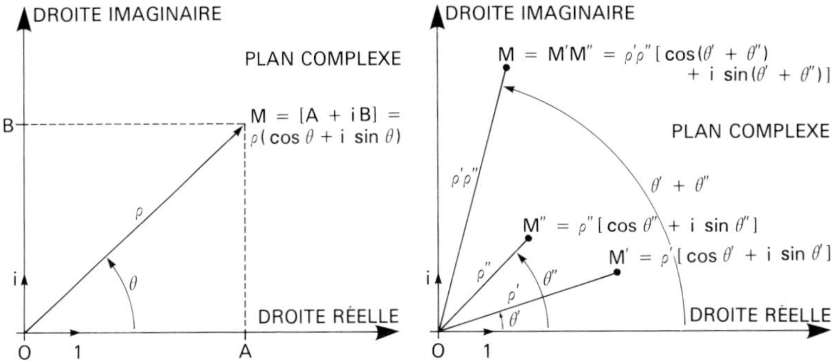

Fig. 17 - La représentation géométrique des nombres complexes. Adoptée par Cauchy en 1849, à la suite des travaux de son disciple Barré de Saint-Venant (1797-1886), sous le nom de théorie des quantités géométriques, la représentation géométrique, qui paraît pourtant naturelle, ne s'est imposée qu'assez tardivement. Les premières tentatives remontent aux alentours de 1800 et sont le fait de mathématiciens moins célèbres comme Wessel et Argand. Gauss, qui connaissait, semble-t-il, cette représentation dès 1799, s'y rallia publiquement en 1831. Les réticences de la plupart des mathématiciens à l'égard de cette théorie s'expliquent aisément : pour eux, l'algèbre n'est pas fondée sur des intuitions mais sur des conventions ; une image géométrique ne peut donc être une définition. Finalement, ce sont les nécessités de l'analyse qui convainquirent Gauss, puis Cauchy, d'adopter la représentation géométrique. C'est elle, par exemple, qui permettait de voir qu'il existe une infinité de manières de passer continûment d'une valeur complexe à une autre.

matique de la Sorbonne, en mars 1849, lui donna enfin l'occasion d'exposer de manière systématique sa théorie des fonctions. L'examen, en 1851, des importants travaux d'Hermite sur les fonctions elliptiques et de Puiseux sur les fonctions algébriques fut sans doute aussi un puissant stimulant. Dans plusieurs articles fondamentaux des *Exercices d'analyse et de physique mathématique* publiés entre 1849 et 1853, il présentait les concepts de base de sa théorie[1].

Une fonction $f(z)$ fait correspondre à chaque valeur complexe z une valeur déterminée Z, c'est-à-dire à chaque point du plan complexe, un et un seul autre point. Mais les théorèmes de la théorie de Cauchy ne sont applicables qu'à une classe de fonctions au comportement très régulier, les fonctions holo-

1. *O.C.*, 2, XIV, pp. 359-406.

morphes, ou synectiques selon l'expression proposée par Cauchy lui-même en 1852, sauf en des points isolés du type pôle. Une fonction holomorphe dans un certain domaine est une fonction dérivable en tout point de ce domaine. S'inspirant du cas réel, Cauchy avait défini dès 1829 la dérivée d'une fonction continue $f(z)$ en z_0 comme la limite, quand u tend vers 0, du rapport aux différences $\frac{f(z_0 + u) - f(z_0)}{u}$ et étendu ainsi aux fonctions d'une variable complexe la formule de Taylor. Mais c'est seulement en 1851 que Cauchy élucida le comportement des fonctions holomorphes, tout différent de celui des fonctions dérivables d'une variable réelle. La valeur de la limite du rapport aux différences dépend, dans le cas complexe, du chemin emprunté au voisinage de 0 par la variable u. Pour que cette limite soit unique, quelque soit le chemin emprunté, il faut que la partie réelle $P(x, y)$ et la partie imaginaire $P'(x, y)$ de $f(z)$ satisfassent en z_0 aux équations de condition (1). En d'autres termes, dès 1814, avec les équations de Cauchy-Riemann, Cauchy avait donné les conditions d'holomorphie d'une fonction.

Non seulement le théorème de Cauchy mais encore le théorème de Turin s'appliquent aux fonctions holomorphes dans un domaine du plan complexe ; ainsi une fonction holomorphe dans un disque ouvert de centre 0 peut toujours y être développée en série entière. Les notions d'holomorphie et d'analycité sont donc équivalentes et une fonction de la variable complexe dérivable est du même coup indéfiniment dérivable (c'est pourquoi il est inutile de supposer continue, comme le faisait Cauchy, la dérivée d'une fonction holomorphe) alors qu'une fonction d'une variable réelle dérivable n'a même pas toujours une dérivée continue. Dans le cas où la fonction est holomorphe sauf en un ou plusieurs pôles, il faut substituer au théorème de Cauchy le théorème des résidus et au développement en série de Taylor un développement en série de Laurent en chacun des pôles.

Les propriétés surprenantes des fonctions holomorphes expliquent la puissance des procédés de passage du réel à l'imaginaire qu'utilisait Cauchy depuis 1814. De plus, des phénomènes qui étaient incompréhensibles quand on se limitait aux seules valeurs réelles de la variable trouvaient alors leur explication naturelle. Par exemple, la fonction exp $(-\ 1/x^2)$ est indéfiniment dérivable au point 0 quand on la considère comme une fonction d'une variable réelle, mais n'y est pas dérivable quand on étend les valeurs de la variable à tout le plan complexe et n'est donc pas holomorphe dans un disque ouvert de centre 0. C'est pourquoi elle y diffère de sa série de Taylor en 0, comme Cauchy l'avait déjà noté en 1822. En somme, dans le cadre nouveau des fonctions holomorphes, il était possible, comme Cauchy l'avait montré dès 1831, de revenir au point de vue des fonctions analytiques, c'est-à-dire développables en tout point en série entière, dont s'était servi Lagrange pour fonder l'analyse et que Cauchy avait rejeté dans le cas des fonctions d'une variable réelle.

Entre 1814 et 1853, Cauchy défricha presque seul, avec sa théorie des fonctions, tout un champ nouveau des mathématiques. Longtemps négligée par les autres analystes, cette théorie devint à la fin des années 1840, un des principaux domaines de la recherche mathématique, non seulement en France avec Puiseux, Hermite, Briot, Bouquet, Méray, etc., mais encore en Allemagne avec des mathématiciens aussi prestigieux que Weierstrass ou Riemann.

CHAPITRE VI

Accomplissement

La Révolution de février 1848 fut accueillie par Cauchy sans déplaisir. La chute de Charles X l'avait beaucoup affecté ; celle de Louis-Philippe réveilla ses espoirs. Son ancien élève, le duc de Bordeaux, devenu comte de Chambord et Henri V pour les légitimistes, n'allait-il pas monter sur le trône, libéré par les Orléans ? Si l'espoir en fut vite déçu, Cauchy avait une autre raison, plus personnelle, de se réjouir du changement de régime : sa carrière scientifique se débloquait, maintenant qu'il n'avait plus à prêter un serment de fidélité, supprimé dès les premiers jours de la République par le gouvernement provisoire.

Cauchy à la Sorbonne

On devine chez Cauchy, au cours des semaines qui suivirent la chute de la Monarchie de juillet, une sorte de jubilation. Sûr de son droit, il se rendit, sans prévenir personne, à la première séance du Bureau des longitudes après la Révolution, reprendre la place qu'on lui avait retirée pour des raisons politiques. Sa démarche, insolite, fut évidemment fort mal accueillie par les membres du Bureau :

« *La séance n'étant pas ouverte,* dit le procès-verbal, *M. Cauchy est entré dans la salle des séances sans avoir prévenu personne, et a signé la feuille de présence. M. Cauchy étant étranger au Bureau des longitudes, M. le Président l'a engagé à se retirer et, avec l'assentiment unanime du Bureau, a rayé son nom de la feuille de présence. Après le départ de M. Cauchy, la séance est ouverte.* »

Il participa d'autre part activement à la préparation des élections pour l'Assemblée constituante annoncées par le gouvernement provisoire dès le 24 février et fixées finalement au 23 avril. Les élections devaient avoir lieu au suffrage universel, ce qui posait le problème du recensement des votes. Cauchy accepta d'examiner en commission les propositions faites à l'Académie sur le mode de dépouillement du scrutin et présenta plusieurs rapports sur les mémoires relatifs à cette question présentés en avril et mai 1848. Certes, on sait l'euphorie unanimiste d'une Révolution qui ne fut pas anticléricale comme l'avait été celle de 1830. Ce dernier point était évidemment capital pour Cauchy. On doit remarquer cependant que sa famille, son père et ses frères, n'accueillirent pas les événements avec la même sympathie. La Révolution les chassait du Palais du Luxembourg où ils étaient installés depuis le début du siècle. Louis-François ne supporta pas, semble-t-il, ce coup du sort : il s'éteignit à Arcueil quelques mois plus tard, le 28 décembre 1848, à l'âge de 88 ans.

Quelques semaines après ce décès, Cauchy obtint enfin, à cinquante-neuf ans, de réintégrer l'enseignement supérieur et l'Université. Le problème du serment ne faisait plus obstacle à une nomination. Il fallait attendre seulement qu'une place se libérât. Le Verrier, qui détenait la chaire d'astronomie mathématique, créée spécialement pour lui le 23 octobre 1846, choisit celle d'astronomie physique qui était vacante, probablement pour laisser la place à Cauchy, car tout paraît avoir été combiné à l'avance. Avant même que la chaire fut déclarée vacante, la Faculté des Sciences avait présenté une liste de candidats, si bien que le ministre de l'Instruction publique dut la rejeter comme irrégulière. On présenta le 11 février 1849 une seconde liste : le premier candidat était Cauchy ; en deuxième ligne venait Delaunay. Le 17 février le Conseil académique de Paris confirma le choix de la Faculté des Sciences et le 1er mars 1849, le ministre Falloux signa l'arrêté de nomination de Cauchy. Le mathématicien Bertrand a raconté comment se déroulèrent les premières leçons de Cauchy à la Sorbonne :

« Ses premières leçons, il faut l'avouer, trompèrent complètement l'espoir d'un auditoire d'élite plus surpris que charmé par la variété un peu confuse des sujets abordés. La troisième, il m'en souvient, fut presque entièrement consacrée à l'extraction de la racine carrée et, le nombre 17 étant pris pour exemple, les calculs furent poussés jusqu'à la dixième décimale par des méthodes connues de

tous les auditeurs, et que Cauchy croyait nouvelles parce que la veille sans doute elles avaient spontanément traversé son esprit. »

On reconnaît le style pédagogique parfois déroutant du savant. Mais Bertrand ajoute :

« *Je ne revins plus et j'eus grand tort, car les leçons suivantes m'auraient initié dix ans plus tôt aux brillantes découvertes de l'illustre maître.* »

Cauchy présenta en effet dans ses leçons à la Sorbonne un exposé systématique de sa théorie des fonctions dont les éléments se trouvaient jusque-là dispersés dans une multitude d'articles et de mémoires. Ce fut pour lui l'occasion d'en affermir les fondements et d'en préciser le vocabulaire. Grâce à son cours, le vieux mathématicien pouvait enfin exercer une influence en rapport avec son génie. Parmi les auditeurs, défilèrent les jeunes analystes les plus doués, Hermite, Puiseux, Briot, Bouquet et Méray qui développèrent la théorie du maître après l'avoir assimilée et influencèrent en retour ses nouvelles recherches.

Le plus proche de Cauchy était sans doute Puiseux qui présenta en janvier 1849 un important mémoire dans lequel il appliquait la théorie des fonctions de Cauchy à l'étude des fonctions algébriques. Devenu maître de conférences à l'École normale supérieure en 1849, Puiseux devint pour Cauchy plus qu'un disciple, un ami, qu'il admettait dans son cabinet de travail comme dans son salon. Fervent chrétien, il aida aussi Cauchy dans ses œuvres pieuses.

La réintégration de Cauchy dans l'Université, si ardemment attendue, ne signifiait cependant pas de sa part un quelconque renoncement à ses opinions. La loi Falloux lui donna par deux fois l'occasion de les exprimer publiquement. Il publia dans l'*Ami de la Religion* et en tirés à part en février 1850 deux *Lettres sur la compagnie de Jésus, adressées à un représentant du peuple à l'occasion de la discussion de la nouvelle loi sur l'enseignement* pour répondre aux attaques lancées au cours des débats contre les jésuites. Cette loi, votée le 15 mars 1850, établissait la liberté de l'enseignement secondaire et instituait un Conseil supérieur de l'Instruction publique dans

Victor Puiseux (1820-1883). Mathématicien, astronome, et aussi excellent alpiniste, Victor Puiseux appliqua en 1849 la théorie des fonctions d'une variable complexe créée par Cauchy à l'étude des intégrales des fonctions algébriques. Il introduisit dans son mémoire le terme de chemin, retenu depuis, pour désigner le parcours de la variable dans le plan complexe. Puiseux, catholique et légitimiste, devint un disciple et un ami de Cauchy, auquel il succéda dans la chaire d'astronomie mathématique de la Faculté des Sciences en 1857. Plus tard, il se consacra tout entier au développement des méthodes de calcul en mécanique céleste. *(Belin - J.-L. Charmet)*

lequel siégeaient de droit des évêques, ainsi que trois membres de l'Institut. Cauchy, très favorable évidemment à ces dispositions, prit la parole au cours de l'assemblée générale des cinq Académies qui s'était réunie le 29 mai et le 12 juin 1850 pour choisir trois représentants de l'Institut au Conseil supérieur.

Après une rude attaque contre le siècle précédent, et un éloge passionné de la vérité, il terminait en résumant en quelques phrases l'esprit de la loi Falloux :

« Nous sommes arrivés, chacun le sent, à l'une de ces époques solennelles où, exposée, ce semble, à se voir, d'un moment à l'autre, détruite et bouleversée de fond en comble, la société pourrait néanmoins être sauvée, si les bons citoyens s'empressent tous de concourir au salut de la patrie, et unissent dans ce dessein leurs généreux efforts. C'est surtout une sage direction imprimée à l'éducation publique qui pourra consolider l'ordre social ébranlé jusque dans ses fondements. »

Ce genre de déclaration, éminemment politique, trouvait peu d'échos dans les milieux universitaires, généralement hostiles à la loi Falloux qui mettait l'Université sous la coupe de l'Église. Les positions prises par Cauchy eurent probablement une influence néfaste sur l'élection au Collège de France qui eut lieu quelques mois plus tard et il faut en tenir compte pour comprendre le deuxième échec qu'il y essuya.

Le second échec au Collège de France

La chaire de mathématiques du Collège de France avait été abandonnée au lendemain de la Révolution de février par son titulaire Libri, qui l'occupait depuis son élection en 1843 contre Cauchy et Liouville. Libri avait fui la France, au lendemain de la Révolution de février, se sachant menacé d'une instruction judiciaire pour ses vols de livres précieux dans les bibliothèques publiques, après la chute de Guizot qui était intervenu jusque-là pour étouffer l'affaire. Hermite avait été nommé en avril 1848 suppléant spécial pour assurer le cours à la place du titulaire en fuite.

Après la condamnation de Libri, toujours à l'étranger d'où il clamait son innocence, à dix ans de réclusion par contumace, en juin 1850, le ministre de l'Instruction publique appela l'assemblée des professeurs du Collège de France à donner son avis sur le « déplorable événement » qui venait de survenir. L'assemblée décida de laisser un délai de quelques mois à Libri pour rentrer en France venir purger sa peine ; s'il n'était pas revenu le 1er décembre 1850, le Collège de France devrait le considérer comme démissionnaire et provoquer son remplacement.

En fait, le ministre de l'Instruction publique ne tint pas compte de cette décision du Collège et la chaire fut déclarée vacante par un décret du Président de la République promulgué en novembre. A la demande du ministre, l'assemblée des professeurs du Collège ouvrit la liste des candidatures le 15 novembre et deux candidats se présentèrent aussitôt : Liouville et Cauchy, le premier par une lettre officielle, le second par l'entremise de Binet. Cauchy avait fait connaître officieusement depuis longtemps semble-t-il, son intention de se présenter ; Liouville au contraire venait de se décider : une nomination au Collège de France lui permettrait de démissionner de sa chaire d'analyse et de mécanique à l'École Polytechnique où de grandes réformes qu'il n'approuvait pas avaient été annoncées début novembre.

Cauchy pensif. Ce portrait, croqué sur le vif pendant une séance de l'Académie des sciences, est conservé à la Bibliothèque de l'Institut. L'artiste a su rendre expressif l'effort de concentration du savant. On ne connaît ni l'auteur du dessin, ni la date d'exécution. *(Belin - J.-L. Charmet)*

Ainsi, les deux mathématiciens français les plus fameux de l'époque se retrouvaient face à face. La situation s'était déjà présentée en juin 1843 : Liouville avait annoncé alors qu'il laisserait la place à son aîné mais ce fut finalement un troisième candidat, Libri, qui l'emporta au grand scandale des mathématiciens. L'assemblée des professeurs du Collège, réunie une nouvelle fois le 18 novembre, discuta sur les titres des deux candidats après la lecture d'une lettre officielle de candidature envoyée par Cauchy et d'une note dans laquelle il rappelait quelques-uns de ses travaux et fixa le vote pour la présentation à la séance suivante. Cauchy obtint, à l'élection du 25 novembre, 11 voix sur 23 présents contre 10 à Liouville au premier tour. Il y avait deux billets blancs, le premier volontaire, le second « attaché sans intention à l'un des 21 billets portant indication de nom ». On procéda, sans discussion, à un deuxième tour de scrutin. Liouville obtint cette fois 12 voix contre 11 à Cauchy et devint ainsi le candidat du Collège de France sans que s'élevât encore la moindre objection.

Mais Cauchy et ses amis ne tardèrent pas à réagir. La présence de deux bulletins blancs au premier tour introduisait un doute sur la validité de l'élection. Fallait-il les prendre en compte pour établir la majorité comme l'avait fait l'assemblée ? Dans ce cas, Cauchy n'obtenait pas la majorité, fixée à 12 voix. Mais si l'on choisissait de ne pas les compter, la majorité descendait à 11 voix et Cauchy était élu dès le premier tour. Un professeur demanda à la séance du 1er décembre 1850 que l'on précisât les conditions dans lesquelles s'était déroulé le premier tour de l'élection. L'addition faite aux procès-verbaux, l'offensive des amis de Cauchy pouvait commencer.

En cherchant des arguments en faveur de la thèse selon laquelle Cauchy avait été élu le 25 novembre dès le premier tour, ils trouvèrent, le 3 décembre, grâce à Sedillot, le secrétaire du Collège de France, l'exemple de l'élection de Letronne en 1837, au cours de laquelle les bulletins blancs n'avaient pas été pris en compte. Desgranges, Quatremère et Binet envoyèrent le 6 décembre, avec l'accord de Cauchy, une lettre de protestation au ministre de l'Instruction publique Parieu et Quatremère, le plus ardent des trois, intervint à l'assemblée des professeurs du 8 décembre pour demander « que le Collège fixe sa jurisprudence sur la question de savoir si les billets blancs doivent ou non être comptés dans le dépouillement d'un scrutin ». Il s'agissait par ce moyen d'ouvrir un débat sur l'élection du 25 novembre. La discussion, qui mit aux prises l'administrateur du Collège Barthélemy Saint-Hilaire et Quatremère n'aboutit à rien de précis et l'assemblée, sur proposition de Duvernoy, décida d'ajourner sa décision.

Les trois partisans de Cauchy n'avaient rien dit de leur lettre de protestation au cours de cette discussion, mais Barthélemy Saint-Hilaire en eut vent et écrivit de son côté au ministre pour lui donner son point de vue. Enfin, Cauchy envoya lui-même au ministre une lettre dans laquelle, sûr de son bon droit, il défendait sa cause :

« Vous ne voulez pas, j'en suis sûr, Monsieur le Ministre, qu'après 37 ans consacrés à l'avancement et à l'enseignement des sciences mathématiques, (comme le prouvent les états de service que vous m'avez demandés, et qui sont aujourd'hui sous vos yeux), après avoir eu pour auditeurs dès 1819, au Collège de France, des savants distingués qui peuplent aujourd'hui les diverses académies de l'Europe, je me trouve exclu de la carrière du professorat, pour un billet blanc ; et cependant, si je me présente avec confiance aux suffrages des membres de l'Académie des sciences, c'est parce que les savants, les jurisconsultes, et ceux des professeurs qui, après avoir appuyé ma candidature avaient commis une erreur involontaire, et cru au pouvoir d'un billet blanc, semblent aujourd'hui généralement convaincus que mon droit au titre de candidat désigné par le Collège de France ne peut être méconnu. »

Très embarrassé par cette affaire, Parieu répondit le 21 décembre à Barthélemy Saint-Hilaire qu'il lui paraissait « nécessaire qu'une décision formelle intervienne et que le Collège de France lui fasse savoir quel est définitivement le candidat régulièrement présenté par lui ». Bien que Barthélemy Saint-Hilaire confirmât le 23 que Liouville avait été élu régulièrement candidat, Parieu demanda en fin de compte le 30 que l'élection fut refaite ; il justifiait habilement sa décision en élevant à 13 voix la majorité absolue déterminée non sur le nombre des professeurs présents à l'élection mais sur celui des professeurs titulaires et en déclarant qu'en conséquence ni Cauchy ni Liouville ne pouvaient être considérés comme régulièrement élus. Le même jour, la section de géométrie présentait ses deux candidats à l'Académie, Cauchy et Liouville.

L'administrateur convoqua donc les professeurs le 5 janvier 1851 pour procéder à une nouvelle élection. Mais Cauchy, fidèle à son attitude, n'accepta pas le « jugement de Salomon » du ministre. Il ne faisait aucun doute pour lui qu'il avait été régulièrement élu le 25 novembre au premier tour et il refusait, comme il l'expliquait dans une lettre du 4 janvier aux professeurs, de revenir sur cette élection. En fin de compte, l'élection à laquelle procéda l'assemblée donna 16 voix à Liouville sur 23 votants contre 7 à Cauchy qui avait déclaré se désister de sa candidature si un nouveau scrutin avait lieu. Déçu et humilié. Cauchy donna lecture le 6 janvier d'une note à l'Académie, *Sur l'influence souvent exercée par des circonstances étrangères à la Science dans la solution des questions qui paraissaient purement scientifiques, et sur le pouvoir attribué, dans une élection récente, à un bulletin blanc*, dont il fit faire une édition lithographiée. Cauchy y faisait l'historique de ses échecs successifs depuis 1839 :

« En 1839, un membre de l'Institut est appelé par le Bureau des longitudes à la place vacante par le décès de M. de Prony. Mais il avait voué à des infortunes augustes et imméritées un attachement, une vénération dont il ne se départira jamais; et après plusieurs années de lutte contre ceux qui avaient eu l'audace de lui conférer le titre de géomètre sans examiner s'il adoptait ou non la politique du jour, le gouvernement se décide à ne tenir aucun compte de la loi qui dit en termes formels : « Le Bureau des longitudes nomme aux places vacantes dans son sein. » En 1843, en 1850, la chaire de mathématiques du Collège de France devient vacante. Des membres de l'Académie, des professeurs du Collège de France invitent un ancien suppléant de l'un de ces mêmes professeurs à se présenter pour la remplir. Les candidats les plus sérieux ne contestent pas ses titres, ou même ont la générosité de les faire valoir. Mais en 1843 le gouvernement menace de laisser la place vacante, si l'on fait un choix qui ne soit point approuvé par la politique. En 1850, des changements apportés à un programme engagent, peu de temps avant l'élection, un candidat qui ne s'était point présenté cette fois à se mettre sur les rangs ; de plus un billet blanc, recueilli dans le premier tour de scrutin est reconnu comme investi d'un pouvoir qu'une loi de l'empire lui dénie (voir le bulletin des lois, 4e série, n° 134, loi 2178), d'un pouvoir qui dans les usages du Collège de France ne lui avait point été attribué jusqu'à ce jour ; et l'un des candidats déclare alors, à l'Académie en 1843, au Collège de France en 1851, qu'il ne saurait accepter les conditions qui lui sont faites ; et une question, qui au premier

abord paraissait toute scientifique, reçoit une solution à laquelle ont puissamment contribué en 1843 les exigences de la politique, en 1850 et 1851 les influences combinées d'un programme et d'un billet blanc. »

Cauchy s'étant retiré de fait et seul Liouville se présentant à ses suffrages, l'Académie des Sciences n'eut même pas à procéder au choix d'un candidat.

Joseph Liouville (1809-1882). Polytechnicien, élève d'Ampère, Liouville est le fondateur du *Journal de mathématiques pures et appliquées* et le meilleur mathématicien français de la génération d'après Cauchy. Les deux hommes, qui s'appréciaient, collaborèrent fréquemment à l'Académie au cours des années 1840. En 1844, Liouville énonça un théorème important sur les fonctions doublement périodiques, appelé aujourd'hui théorème de Liouville, que Cauchy étendit aussitôt aux fonctions holomorphes. Mais l'élection de Liouville à la chaire de mathématiques du Collège de France, contre Cauchy, au début de l'année 1851, altéra leurs bonnes relations. *(J.-L. Charmet)*

Les relations entre Cauchy et Liouville s'aigrirent à la suite de cette affaire. Le rapport présenté par Cauchy le 31 mars 1851 sur le mémoire d'Hermite relatif aux fonctions à double période fut l'occasion d'un incident entre les deux mathématiciens. Cauchy présentait dans son rapport la théorie des fonctions doublement périodiques dans le cadre de sa théorie des fonctions. Liouville intervint pour rappeler qu'il en avait fait depuis longtemps la théorie générale, comme le prouvaient les notes prises par Joachimsthal et Borchardt dont il déposa le manuscrit. Cauchy répondit en citant ses propres recherches de 1843 et en notant que le théorème de Liouville, sur lequel était fondé cette théorie générale, se déduisait facilement de son calcul des résidus. A huit ans de distance, Hermite se trouvait donc placé, par un singulier hasard, dans la même situation qu'en 1843 ; à cette époque, son premier mémoire avait suscité une vive polémique entre Liouville et Libri, peu après l'élection du second au Collège de France. Liouville et Cauchy continuèrent au cours des années suivantes à participer aux mêmes commissions. Mais la collaboration devint assez théorique, au point que Liouville dut se plaindre à Cauchy en juillet 1856 de son comportement cavalier : celui-ci avait rendu un rapport à l'Académie sur un mémoire de Briot et Bouquet, alors que Liouville, qui faisait partie de la commission d'examen, n'avait ni lu ni vu le mémoire et encore moins le rapport.

L'intransigeance politique de Cauchy faillit lui jouer un dernier mauvais tour au lendemain du coup d'état du 2 décembre. Le nouveau régime exigea bientôt, comme avant février 1848, un serment d'allégeance de la part de tous les fonctionnaires. Les professeurs de la Faculté des Sciences y étaient évidemment soumis. Cauchy envoya le 14 mai 1852 une lettre à son doyen dans laquelle il rappelait son engagement de fidélité aux Bourbons et annonçait son intention de quitter sa chaire d'astronomie mathématique si on l'obligeait à se parjurer :

« Lorsqu'en 1830 le duc d'Orléans vint s'asseoir sur les débris d'un trône dont il avait sollicité les faveurs et préparé la ruine, je renonçai aux trois chaires que j'occupais à cette époque et me promis à moi-même de rester fidèle à mes serments. Pourrais-je oublier cette promesse, après l'insigne honneur que m'a fait Charles X, en me tirant de ma paisible retraite, et me donnant pour élève l'héritier de

Saint-Louis, de Henri IV et de Louis XIV ? Si en 1849 j'ai souscrit sans hésiter au désir de quelques-uns de mes confrères qui me pressaient de rentrer dans la carrière de l'enseignement, ce n'est pas, on le sait assez, que je me fisse aucune illusion sur le danger des doctrines et des théories anarchiques qui menaçaient de porter la désolation au sein de la patrie, et de bouleverser en Europe la société tout entière. Mais le serment politique venait d'être aboli, et j'étais heureux de penser que je pouvais encore être utile à la jeunesse en la dirigeant vers l'étude inoffensive d'une science qui a fait le charme de toute ma vie. Ma tâche à cet égard semblait devoir être plus facile encore sous un gouvernement dont le chef a si hautement proclamé son vif désir de voir fleurir et se propager parmi nous la véritable science, celle qui éclaire les esprits sans pervertir les cœurs. Je regrette vivement, M. le Doyen, que l'impossibilité où je me trouve de souscrire à la prestation de serment me sépare de mes honorables collègues, et me force à renoncer à la douce espérance de servir avec eux mon pays dans une carrière où je m'étais cru appelé à faire quelque bien. »

Cauchy cessa effectivement d'enseigner, semble-t-il, pendant plus d'une année, sans être remplacé. On essaya cependant, comme en 1839, d'arranger les choses. Vers la fin de l'année 1853, le maréchal Vaillant, qui venait d'entrer à l'Académie des sciences, écrivit au ministre Fortoul en faveur de Cauchy :

« Vous savez comme moi de quelle réputation M. Cauchy jouit comme savant ; au dire des hommes les plus compétents, c'est le plus grand mathématicien de l'Europe : j'ajoute que c'est un homme d'une pureté et d'une droiture exemplaire, d'une religion douce, éclairée et sincère ; tout le monde l'aime, tout le monde l'estime. Il ne faudrait pas prendre pour de l'hostilité au gouvernement de l'Empereur la réserve que M. Cauchy a cru devoir s'imposer, on se tromperait. Placé à côté de lui à l'Académie, je puis assurer que M. Gauchy a pour S.M. une véritable admiration, et une reconnaissance sincère pour la protection que l'Empereur accorde aux Sciences et aux Arts. »

Fortoul obtint finalement de Napoléon III que Cauchy, ainsi d'ailleurs qu'Arago, fût, par exception, exempté du serment. L'Empereur faisait preuve dans cette affaire de plus d'intelligence et de générosité politique que ses prédécesseurs. Cauchy, qui voyait pour la première fois son obstination récompensée, reprit ses cours à la Faculté, où il enseigna jusqu'à sa mort.

Ses leçons et celles de Liouville au Collège de France influencèrent également la nouvelle génération des mathématiciens français. En 1859, Briot et Bouquet, dans leur *Théorie des fonctions doublement périodiques, et en particulier des fonctions elliptiques*, firent la synthèse des deux enseignements concurrents.

Alexandre Cauchy, le frère aîné du mathématicien, décédé le 30 mars 1857, apparaît sur cette photo malade et fatigué. Sa mort précédera de quelques semaines celle d'Augustin-Louis. *(J.-L. Charmet)*

Dernières années

Cauchy avait poursuivi après la Révolution de février 1848 son activité académique. Il présenta régulièrement notes et mémoires, publiés aux *Comptes rendus*, mais le rythme de ses publications se ralentit peu à peu. Il cessa, à la fin de l'année 1853, la parution de ses *Exercices* : il est vrai qu'il avait de nouveau à assurer son cours d'astronomie à la Faculté. Il examina aussi pendant ces années de très nombreux mémoires dont le secrétariat de l'Académie dut réclamer souvent le retour à la famille après la mort du savant, et continua à intervenir régulièrement au cours des séances, parfois pour soutenir une opinion, un collègue ou une entreprise scientifique, parfois pour critiquer un mémoire. Il eut ainsi en juillet et août 1853 une longue polémique avec Bienaymé sur sa méthode d'interpolation de 1835 comparée à la méthode des moindres carrés.

Cauchy faisait beaucoup de prosélytisme et cherchait à convertir ceux de ses collègues de l'Académie qui lui semblaient pouvoir revenir à la foi de leur enfance. Il crut ainsi avoir gagné Duhamel. Mais, ce dernier se contentait des pratiques obligatoires, la messe et les pâques. Nous verrons plus loin que les relations entre les deux hommes se dégradèrent à l'Académie. Il tenta aussi de ramener Lamé, « désillusionné du monde et attristé par le déclin de sa santé », à la pratique des devoirs religieux, et, pour y parvenir, il demanda aux étudiants jésuites de venir à son cours de physique mathématique, qui était fort peu fréquenté.

Jusqu'à ses derniers jours Cauchy poursuivit la pratique des œuvres qui l'occupèrent alors plus que les sciences. Il était infatigable, allant chez les uns et les autres, à n'importe quelle heure du jour ou de la nuit, au profit de ses activités charitables. Il fut en particulier à l'origine de l'Œuvre des Écoles d'Orient, créée en 1856. La guerre de Crimée venait de s'achever par le traité de Paris en mars 1856. Le sultan dut accorder, en échange de la garantie de l'indépendance et de l'intégrité de son Empire, l'égalité des droits à ses sujets chrétiens. Les perspectives nouvelles ouvertes par le Hatt-i-Humayoun inspirèrent Cauchy qui y vit la possibilité d'une nouvelle croisade. Il s'agissait moins d'ailleurs de convertir les musulmans que de ramener les orthodoxes de l'Empire, sur lesquels la Russie avait prétendu étendre son protectorat, à la foi catholique. La tentative de Nicolas Ier pour obtenir du sultan en faveur de moines grecs, la garde des lieux saints, assurée jusque-là par des religieux latins, avait sensibilisé les Français, dès 1853, à cette question.

Cauchy eut le premier l'idée de créer à cette occasion une œuvre d'enseignement, selon l'exemple des Frères des Écoles chrétiennes, qui utiliserait les nouvelles facilités pour gagner les populations au catholicisme. Il réunit une foule de documents sur la question, interrogeant des personnes connaissant l'Orient et, après s'en être ouvert à ses amis, il chercha ses premiers appuis « dans les rangs de la haute société et surtout parmi ceux des savants, de ces collègues de l'Institut » et réunit dans son salon de l'hôtel de Bure un comité provisoire où l'archéologue Charles Lenormant et le jésuite Gagarin jouèrent avec Cauchy le rôle principal. La séance de fondation de l'œuvre se tint le 4 avril 1856 chez Pandaroux-Vertamy. Le maréchal Bosquier fut choisi comme président d'honneur ; l'amiral Mathieu, du Bureau des longitudes, assura la présidence effective et Cauchy et Lenormant se contentèrent du titre de vice-président. Parmi les nombreux membres de l'œuvre, on peut noter Armand de Melun, président du comité administratif, Montalembert, Falloux et des membres de l'Institut, comme l'historien Wallon, secrétaire général, le paléologue de Wailly, l'égyptologue de Rougé, les mathématiciens Binet et Hermite. Le directeur de l'œuvre était l'abbé Lavigerie, futur archevêque d'Alger. De toutes les œuvres fondées par Cauchy, l'Œuvre des Écoles d'Orient, qui existe toujours, obtint de loin le plus grand succès.

Cauchy participait d'autre part toujours aussi activement à la Société de Saint-Vincent-de-Paul dont il avait fondé la conférence de Sceaux. Il finançait avec le traitement de la chaire d'astronomie mathématique les œuvres pieuses installées dans la commune, en particulier l'établissement des sœurs de Saint-André et un patronage pour les jeunes garçons. Quelque temps avant sa mort, il s'inquiétait encore des difficultés rencontrées pour installer à Sceaux une école des Frères des Écoles chrétiennes. Il fit de grands sacrifices pécuniaires pour en assurer le succès.

Cependant, Cauchy sentait sa fin approcher. Conscient de la nécessité de rassembler des travaux dispersés dans une multitude de mémoires, il envisagea, au cours des années précédant sa mort, d'en réaliser la synthèse. Déjà, quelques jours après le décès de son père, le 2 janvier 1849, Cauchy avait annoncé qu'il allait préparer un « traité de mécanique moléculaire » pour répondre aux vœux exprimés par des « savants illustres » mais surtout pour « remplir, en quelque sorte, un acte de piété filiale ». Il comptait établir dans ce traité les principes généraux de la mécanique moléculaire et les appliquer successivement à la théorie de la lumière, à la théorie du son, des corps élastiques, de la chaleur, etc. Il ne réalisa pas son projet, se contentant de publier quelques articles dans le recueil des *Mémoires de l'Académie des sciences* de 1850. Mais il demanda en 1855 ou 1856 au père supérieur de la rue des Postes l'aide d'un jeune étudiant jésuite, Michel Jullien, pour mettre de l'ordre dans ses papiers et ses notes scientifiques.

« *Je passai plusieurs jours avec lui dans ce travail,* écrit Jullien, *mais nous fîmes peu de choses, une grande partie de mon temps se passant à chercher les lunettes du bon vieillard, sous les monceaux de papiers où il les glissait sans cesse. Ses papiers étaient si mal écrits que je ne sais comment les compositeurs de l'imprimerie pouvaient les déchiffrer.* »

Les derniers mois de la vie de Cauchy furent pénibles. Il était fatigué et déprimé. Une polémique stérile et dérisoire avec Duhamel, une de ses « conquêtes » pourtant, sur une question de priorité, obscurcit ses dernières interventions académiques. Cauchy prétendit le 22 décembre 1856, à la suite d'observations de Bertrand sur un mémoire d'Ostrogradski de 1854, avoir généralisé dès 1828 le théorème de Carnot sur les chocs inélastiques à des corps quelconques. Duhamel contesta à la séance suivante l'affirmation de Cauchy, en faisant référence à une note présentée en 1832. La polémique se poursuivit interminablement au cours des semaines suivantes. Poncelet y intervint, appuyé par Morin, pour exposer les principes généraux du choc des corps inélastiques et rappeler ses propres travaux de 1826 et sa réclamation de priorité élevée par lui dès 1829. Cauchy, qui n'obtint pas gain de cause, ne sortait pas grandi de cette polémique au cours de laquelle il s'était obstiné sur la question de priorité, tout en reconnaissant l'insuffisance de son mémoire de 1828. Les attaques dont il fut l'objet pendant la discussion « jetèrent sur la fin de sa vie, écrivit Valson, son premier biographe, un fond de tristesse et d'amertume dont ses amis seuls avaient été les confidents secrets ».

Il éprouvait, toujours selon Valson, ce qu'on pourrait appeler « le sentiment du vide ». L'année précédente, en mai 1856, il avait enterré son vieil ami Jacques Binet. Le 30 mars 1857, son frère cadet Alexandre mourait à son tour. Cauchy en fut très affecté. Souffrant de ce qu'il appelait un gros rhume, il partit le 12 mai à Sceaux pour la saison d'été, sur l'avis de son médecin. Le malade, cependant, s'affaiblissait peu à peu. Le jeudi 21 mai, les symptômes s'aggravèrent brusquement. Le lendemain il reçut les derniers sacrements et, dans la nuit du 22 au 23 mai, vers 4 heures, il expira :

« *Nos craintes ne se sont que trop réalisées,* annonçait le jour même sa fille Alicia. *Après avoir conservé jusqu'à 3 heures du matin toute sa présence d'esprit, mon père à prononcé, vers 3 heures et demie, les saints noms de Jésus, Marie, Joseph ; pour la première fois il a paru s'apercevoir de la gravité de son état, et vers 4 heures, il remettait son âme entre les mains de Dieu, avec un calme qui faisait douter encore de notre malheur lorsqu'il était arrivé.* »

Ainsi s'éteignit, à soixante-huit ans, le plus grand mathématicien français de son temps, deux ans à peine après Gauss en Allemagne. Une nouvelle époque s'ouvrait maintenant dans l'histoire des mathématiques, marquée par la suprématie allemande. Entre 1854 et 1859, Riemann, Weierstrass, Kronecker s'imposaient de l'autre côté du Rhin, tandis qu'en France fleurissaient les travaux sur la théorie des fonctions de Cauchy.

Cauchy était resté tourmenté par le destin de son œuvre jusque sur son lit de mort. Il demanda, en dernière volonté, que l'on se chargeât de publier ce qui était demeuré inédit et que l'on rassemblât ses mémoires scientifiques. Sa famille s'acquitta de cette tâche, autant qu'elle le pouvait, en confiant le soin à Jullien, puis à Méray, qui avait suivi les cours du maître à la Faculté des Sciences, et à Valson qui prépara, à l'aide du registre manuscrit rédigé par Jullien, l'édition des *Œuvres complètes* décidée par l'Académie en 1876. C'est seulement en 1974, avec la publication du dernier des vingt-sept tomes de la collection, que l'Académie des Sciences a pu entièrement satisfaire le vœu du grand mathématicien.

CHRONOLOGIE

Cauchy et son temps

1760 Naissance à Rouen de Louis-François Cauchy (1760-1848).

1783 Mort de d'Alembert et d'Euler.

1785 Louis-François Cauchy, secrétaire du lieutenant de police de Paris, Thiroux.

1787 Mariage de Louis-François Cauchy et de Marie-Madeleine Desestre (1767-1839).
Mécanique analytique de Lagrange.

1789 Naissance à Paris d'Augustin-Louis Cauchy.
Début de la Révolution.

1794 Terreur. Exécution de Thiroux. Louis-François et sa famille se réfugient à Arcueil.

1795 L'École centrale des Travaux publics, créée l'année précédente, prend le nom d'École Polytechnique.

1797 *Théorie analytique des fonctions* de Lagrange.

1799 *Traité de mécanique céleste* (→ 1827) de Laplace et *Géométrie descriptive* de Monge.
Coup d'État de Brumaire.

1800 Louis-François Cauchy devient secrétaire général du Sénat.

1801 *Disquisitiones arithmeticae* de Gauss.
Fondation de la Congrégation.

1802 *Le génie du christianisme* de Chateaubriand.
Cauchy fréquente l'école centrale du Panthéon.

1803 *Essai de statique chimique* de Berthollet.

1804 Sacre de Napoléon.

1805 Cauchy entre à l'École Polytechnique.
Trafalgar et Austerlitz.

1807 Cauchy entre à l'École des Ponts et Chaussées.

1808 Cauchy devient membre de la Congrégation.

1809 Cauchy nommé à Cherbourg où il participe au chantier du port Napoléon.

1811/1812 Recherches de Cauchy sur les polyèdres, les substitutions et les déterminants.

1812 *Théorie analytique des probabilités* de Laplace.
Retraite de Russie.

1813 Mort de Lagrange. Cauchy, de retour à Paris où il est nommé au canal de l'Ourcq, se présente en vain au siège laissé vacant à l'Institut.

1814 Première Restauration.
Mémoire sur les intégrales définies.
Nouvel échec à l'Institut.

1815 Les Cent-Jours et la seconde Restauration. Démonstration du théorème de Fermat sur les nombres polygonaux et mémoire sur la théorie des ondes. Cauchy est nommé professeur suppléant d'analyse à l'École Polytechnique.

1816 Niepce invente la photographie.
Cauchy est nommé professeur titulaire d'analyse et de mécanique à l'École Polytechnique et membre de la section de mécanique de l'Académie des Sciences.

1817 *L'essai sur l'indifférence en matière de religion* de Lamennais. Cauchy remplace quelques mois Biot dans la chaire de physique mathématique du Collège de France.

1818 *Mémoire sur la diffraction* de Fresnel. Cauchy épouse Aloïse de Bure.

1819 *Traité d'auscultation médiate* de Laënnec. *L'Odalisque* d'Ingres.

1820 Assassinat du duc de Berry et naissance du duc de Bordeaux.

1821 *Analyse algébrique.*
Cauchy est nommé professeur remplaçant de mécanique à la Faculté des Sciences.

1822 Premières recherches de Cauchy sur la mécanique des milieux continus et la théorie de l'élasticité.
Théorie analytique de la chaleur de Fourier.
Traité des propriétés projectives des figures de Poncelet.
Lettre à Dacier sur les hiéroglyphes de Champollion.

1823 *IXe Symphonie* de Beethoven.
Calcul infinitésimal.

1824 Charles X monte sur le trône.
Réflexions sur la puissance motrice du feu de Sadi Carnot.
Les massacres de Chio de Delacroix.
Cauchy nommé professeur remplaçant de physique mathématique au Collège de France, où il enseigne jusqu'en 1830.

1825 *Sur les intégrales définies prises entre des limites imaginaires.*
Discours sur les révolutions de la surface du globe de Cuvier.

1826 Début de la publication des *Exercices de mathématiques.*
Calcul des résidus.
Théorie mathématique des phénomènes électrodynamiques uniquement déduite de l'expérience d'Ampère.

Mémoire sur une propriété générale d'une classe très étendue de fonctions transcendantes d'Abel (publié en 1841).

1827 Mort de Laplace et de Fresnel.

1828 Fermeture des collèges jésuites. Création de l'Association pour la défense de la religion catholique.

1829 *Fundamenta nova theoriae functionum ellipticarum* de Jacobi.
Premières recherches de Cauchy sur la lumière.
Mort d'Abel.

1830 Inauguration de la ligne de chemin de fer Manchester-Liverpool.
Hernani de Hugo.
La Symphonie fantastique de Berlioz.
Révolution de Juillet. Cauchy quitte la France pour la Suisse et l'Italie.
Mort de Fourier.

1831 Cauchy s'installe à Turin, où il est nommé professeur de physique sublime. Théorème de Turin sur le développement des fonctions d'une variable complexe et calcul des limites.

1832 Mort de Galois et de Cuvier.

1833 Cauchy s'installe à Prague, où il devient précepteur du duc de Bordeaux.

1834 Massacre de la rue Transnonain.

1835 *De la démocratie en Amérique* (1re partie) de Tocqueville.

1836 Début de la publication des *Comptes rendus de l'Académie des Sciences.*
Mort d'Ampère.
Cauchy s'installe, avec la cour du duc de Bordeaux, à Görz (aujourd'hui Gorizia) à la frontière italo-yougoslave.

1838 Retour de Cauchy à Paris.

1839 *La Chartreuse de Parme* de Stendhal.
Le Cours de philosophie positive de Comte (→ 1842).
Mort de Marie-Madeleine Cauchy, mère d'Augustin-Louis.
Cauchy élu membre du Bureau des Longitudes. Création de l'Institut catholique.

1840 Mort de Poisson.
Qu'est-ce que la propriété ? de Proudhon.

1842 Balzac commence la publication de la *Comédie humaine* (→ 1846)

1843 Premier échec de Cauchy au Collège de France et annulation de son élection au Bureau des Longitudes.

1845 Première version de *Tannhaüser* de Wagner.
Nouvelles recherches de Cauchy sur les substitutions.

1846 *Mémoire sur les arrangements.* Travaux de Cauchy sur les intégrales curvilignes et, en particulier, ses *Considérations nouvelles sur les intégrales définies qui s'étendent à tous les points d'une courbe fermée et sur celles qui sont prises entre les limites imaginaires.*

Le Verrier découvre par le calcul la planète Neptune.
Liouville publie les papiers de Galois.

1847 Cauchy tente de démontrer le grand théorème de Fermat.
Mémoire sur la théorie des équivalences algébriques.

1848 Révolution de février. Deuxième République.
Mort de Louis-François Cauchy, père d'Augustin-Louis.

1849 Cauchy nommé professeur d'astronomie mathématique à la Faculté des Sciences de Paris.
Mémoire sur les quantités géométriques.

1850/1851 Deuxième échec de Cauchy au Collège de France face à Liouville.

1851 *Dissertation inaugurale* de Riemann.
Coup d'État du 2 décembre.

1852 Cauchy, refusant de prêter serment de fidélité à l'Empereur, renonce quelques mois à son enseignement.

1853 Mémoires de Cauchy sur la théorie des fonctions et sur les clefs algébriques.

1854 *An investigation of the laws of thought, on which are founded the mathematical theories of logic and probabilities* de Boole.

1855 Mort de Gauss.
L'atelier du peintre de Courbet refusé au Salon.

1856 Fondation de l'Œuvre des Écoles d'Orient.
Weierstrass est nommé professeur d'analyse à l'Université de Berlin.

1857 Mort de Cauchy.
Les Fleurs du mal de Baudelaire et *Madame Bovary* de Flaubert.

1859 *Théorie des fonctions doublement périodiques et en particulier des fonctions elliptiques* de Briot et Bouquet.

1870 *Traité des substitutions et des équations algébriques* de Jordan.

1876 L'Académie des Sciences décide la publication des *Œuvres Complètes* de Cauchy.

1882/1974 Publication des *Œuvres Complètes* de Cauchy chez Gauthier-Villars.

BIBLIOGRAPHIE

L'œuvre de Cauchy

Cauchy est l'un des mathématiciens les plus prolixes. Il a publié plus de 800 articles et mémoires, certains en mémoires détachés imprimés ou lithographiés, la plupart dans ses *Exercices,* dans les recueils de *Mémoires* de l'Académie des Sciences et dans les *Comptes rendus* à partir de 1836, enfin dans plusieurs revues scientifiques. Il a publié en outre cinq ouvrages à partir de ses cours à l'École Polytechnique entre 1821 et 1829.

L'Académie des Sciences a décidé en 1876 la publication de :
A.L. CAUCHY, *Œuvres complètes,* Gauthier-Villars, Paris, 1882-1974
qui rassemble cette œuvre immense.

Ces *Œuvres complètes* comprennent 27 tomes in-4°. Une première série comprend 12 tomes et une seconde série 15 tomes. Nous conseillons au lecteur intéressé de se reporter au tome XV de la 2e série dans lequel R. Taton a rassemblé de très utiles *Annexes documentaires* comprenant des bibliographies et des index.

Les œuvres non scientifiques de Cauchy n'ont pas été publiées dans les *Œuvres complètes,* ni le début du *Calcul infinitésimal* 2e année de 1824 dont C. Gilain a édité les épreuves dans :
A.L. CAUCHY, *Équations différentielles,* cours inédit (fragment), Études Vivantes, Paris, 1981.

Plusieurs manuscrits et plusieurs lettres, dont la plupart sont conservées dans les Archives de l'Académie des Sciences, restent inédits. Nous préparons la publication d'un certain nombre de ces documents.

Études sur la vie et l'œuvre de Cauchy

La première étude est celle publiée à la demande de la famille de Cauchy, onze ans après sa mort :
C.A. VALSON, *La vie et les travaux du Baron Cauchy,* Gauthier-Villars, Paris, 1888, réédité par A. Blanchard, Paris, 1970.

Valson a pu consulter les papiers personnels de Cauchy qui ont aujourd'hui disparu, mais le style de sa biographie, très hagiographique, a beaucoup vieilli.

La biographie de Valson est complétée, et corrigée sur plusieurs points, par les deux notices de J. Bertrand :
J. BERTRAND, La vie et les travaux du baron Cauchy par C.A. Valson, *Journal des savants,* 1869, pp. 205-215.
J. BERTRAND, Éloge d'Augustin-Louis Cauchy, *Éloges académiques,* 2, Paris, 1902, pp. 101-120.

La meilleure notice sur la vie et l'œuvre de Cauchy publiée à ce jour est : H. FREUDENTHAL, Cauchy, in *Dictionary of Scientific Biography,* Charles Scribner's Sons, New York, 1970-1980, tome III, pp. 131-148.

Nous renvoyons à cette notice ainsi qu'au tome XV de la 2ᵉ série des *Œuvres complètes* pour des informations bibliographiques supplémentaires.

Enfin, nous préparons la publication, en langue anglaise, d'un ouvrage érudit sur Cauchy fondé sur une thèse de 3ᵉ cycle soutenue à Paris en 1982.

Généralités sur les sciences exactes au XIXᵉ siècle

Il n'existe malheureusement aucun ouvrage général sur la vie scientifique en France au XIXᵉ siècle. Sur la place de Cauchy dans l'évolution générale des sciences mathématiques, voir par exemple :
A. DAHAN-DALMEDICO et J. PEIFFER, *Routes et dédales,* Études vivantes, Paris, 1982.

et
J. DHOMBRES, *Nombre, mesure et continu,* Cedic/Nathan, Paris, 1978.

Pour aller plus loin, voir :
J. DIEUDONNÉ (et autres) *Abrégé d'histoire des mathématiques 1700-1900,* 2 tomes, Hermann, Paris, 1978.

INDEX

Abel 66, 68, 72, 85, 98-100, 105
Affre (Mgr) 165-166
Alembert (d') 101, 102
Ampère 22, 49, 53, 55, 61, 64, 78, 81, 85, 88-89, 91, 94, 121, 149, 153
Andrieux 64
Arago 20, 48, 55, 78, 93, 94, 154, 157, 160, 208
Argand 192
Avogadro 128

B

Bailly 11, 121, 165
Barande 131, 132, 134, 137, 140
Bernoulli 101
Berry (duc de) 83, 113
Berry (duchesse de) 132, 134-135
Berthollet 20, 46
Bertier de Sauvigny 12, 165
Bertrand 73-74, 198, 212
Bessel 159
Beudant 163
Bienaymé 210
Billot 134, 137, 139
Binet 49, 53,59, 61, 76, 78, 90, 121, 163, 168, 202, 203, 211, 212
Biot 20, 21, 55, 90, 91, 93, 153, 154, 157, 195
Blacas (duc de) 132
Bolzano 105, 107
Bonald (Mgr) 166
Bonaparte 16, 21, 58
Borchardt 207
Bordeaux (duc de) 130-143, 197
Bosquier 211
Bossut 25, 51
Bouchu 81, 83, 85
Boulanger 162
Bouquet 195, 199, 207, 209
Bourdier-Delpuits 59
Bréguet 63
Briot 199, 207, 209
Brisson 96, 183
Bruyère 23
Bure (de) 75, 76, 93

C

Cabanis 118
Cachin 27, 28
Carnot 20, 63, 102, 212
Cauchy Alexandre 14, 20, 76, 124, 126, 212
Cauchy Alicia 76, 178, 213
Cauchy Aloise (née de Bure) 75-76, 129, 139, 178
Cauchy Amédée 129
Cauchy Eugène 20, 126, 129
Cauchy Louis-Charles 12
Cauchy Louis-François 13, 14, 15, 16, 19, 20, 32, 33, 46, 50, 58, 75, 76, 126, 198
Cauchy Marie-Madeleine (née Desestre) 13, 33, 143
Cauchy Mathilde, 76, 178
Cayol 163
Charles-Albert 128, 129
Charles X 119, 122, 130-134, 137, 142-143, 197
Chateaubriand 132-135
Chevalier 73
Chladni 145
Clarion 127
Clausel de Coussergues 120
Clouet 139
Colegno (de) 136
Comte 63-64
Condorcet 53
Coriolis 78, 153, 163
Costaz 33
Coulomb 20, 25
Couplet 25
Cournot 94
Cousin 158
Cropelet 123
Cruveilher 163
Cuvier 18, 52

D

Damas (baron de) 130-139
Dambray 52, 76

Delahire 25
Delambre 22, 93
Delaunay 198
Denoël 50
Deplace 134-138
Desgarets 167
Desgranges 203
Desjardins 76
Didot 75-76
Dinet 20, 76
Druilhet 134-137
Dufriche des Genettes 114
Duhamel 210, 212
Durivau 62
Duvernoy 204
Duvillard 49, 53

E

Escalopier (de l') 178
Escarène (comte de l') 135
Euclide 32
Euler 37-40, 101-103, 105, 108, 111, 145-146, 152, 180, 192

F

Falloux 198, 199, 201, 211
Fermat 32, 56, 58, 62, 66
Firmin-Didot 76
Flesselles 12
Flourens 118
Fontanes 16
Foresta 134
Fortoul 208
Foulon 12
Fourcroy 13
Fourier 46, 55, 93, 98, 100, 111, 145, 149, 153, 189
Frayssinous 119, 120, 137, 139
Fresnel 47, 146, 149, 151
Freycinet 163

G

Gagarin 211
Gall 114-116, 118
Galois 68, 72, 73, 74, 100, 153, 171
Gaultier de Claubry 127, 163
Gauss 56, 66-69, 105, 107, 159, 192, 213
Genoude 76
Gerbet 120
Germain Sophie 145
Gillis 165, 166
Girard 24, 25, 47
Gloria 128
Gontaut (Mme de) 132
Gramont (duc de) 132
Grassi 136
Grégoire XVI 129
Guizot 167, 172, 201
Guyton-Morveau 61

H

Hachette 22-23
Hadamart 40
Haller 127
Hamilton 144
Hansen 159
Haranguier de Quincerot 127
Hassenfratz 61, 80
Hautpoul 137-140
Heine 107
Hennequin 59
Hermite 171, 193, 195, 199-201, 207
Holmboe 99
Horrer 127

J

Joachimsthal 207
Jordan 74
Jouffroy 162
Jullien 212-213

K

Kepler 34, 37
Kronecker 213

L

Labey 61
La Bourdonnaye 122
Lachaise 136
Lacordaire 172
Lacroix 22, 61, 64, 103-105, 108, 109, 112, 153, 157, 167, 168, 169
Laennec 59
La Fayette 122
Lafitte 122

Lagrange 16, 18, 20, 22, 26, 31, 34, 47-49, 54, 56, 66, 67, 69, 80, 98, 102-103, 108-109, 112, 128, 144, 145, 190, 195
Lamarle 191
Lamarque 129
Lamé 170, 210
Lamennais 59, 113-116, 121-123, 172
Laplace 16, 18, 26, 31, 46-50, 52, 55, 62, 64, 76, 80, 88, 90, 94, 98, 100, 149, 151, 159, 180
Laplace Charles-Émile 22
Latour-Maubourg (César) 30
Latour-Maubourg (Nicolas) 137
Laurent 176, 191, 194
Laurentie 114, 120
Lavigerie 211
Lavoisier 12
Lefébure de Fourcy 62, 63
Legendre 32, 34, 39, 44, 49, 54, 100, 153
Legris-Duval 61, 76
Lehot 47
Lejeune-Dirichlet 98
Lenormant 211
Leroy 127, 159, 163
Letronne 168, 169, 203
Lévêque 52
Le Verrier 159, 174-176, 198
Lhuillier 40
Libri 73, 98, 123, 168-171, 201-203, 207
Liouville 73, 74, 153, 157, 159, 160, 168-171, 201-204, 207, 209
Louis-Philippe 132, 197
Louis XVIII 58, 76

M

Magendie 118
Magnin 76
Malus 32, 43, 55
Mandar 23
Marmont 122
Martignac 120
Mathieu 48, 49, 59, 153, 211
Maxwell 151
Melun (de) 211
Menabrea 130
Menjaud 127
Méray 195, 199, 213
Meusnier 20
Meynis 165
Meyraux 127
Michelet 167, 168
Misciewicz 167
Moigno 136, 140, 143, 159-162, 168, 174
Molard 53
Molé 23, 25, 26, 27
Monge 16, 19-20, 22, 23, 61, 63, 83
Montalembert 122, 162, 172, 211
Montalivet 23
Montbel 139
Montlosier 119
Montmorency (de) 61, 114
Morin 212

N

Napoléon 24, 50, 53, 59
Napoléon III 208
Navier 145, 146, 149, 150, 153
Newton 116
Noailles (de) 61

O

Olry (chevalier d') 136
Ostrogradski 98, 183, 212
Ozanam 162, 163, 165

P

Pandaroux-Vertamy 211
Pardessus 162, 176
Parieu 203, 204
Parseval 49
Paupelin 13
Perreau 114, 120
Petit 78, 80
Pierron 14
Pie VII 60
Plana 130
Poinsot 34, 37, 49, 61-62, 64, 94, 96, 172
Poisson 20, 32, 46, 49, 53, 61, 72, 88, 90, 94, 96-97, 98, 100, 145, 149-150, 153, 157-159, 183
Polignac 76, 122
Poncelet 98, 212
Portalis 176
Prieur-Duvernois 20
Prony 20, 25, 48, 49, 88, 90, 91, 153, 155-157, 205
Puiseux 187, 192, 193, 195, 199
Puissant 49, 90

Q

Quatremère 203-204
Quinet 167

R

Ravignan (de) 172
Récamier 127, 163
Rendu 162
Reynaud 61, 76
Riancey (de) 178
Riemann 40, 180, 194, 195, 213
Rivière (duc de) 114, 120
Rochette 163
Roothaan 166
Rougé (de) 211
Ruffini 66, 67, 68, 96

S

Saint-Hilaire 163, 204
Saint-Pol (de) 178
Saint-Venant 176, 192
Salinis 114, 120, 121
Saugrain 75
Savart 151
Scarpa 170
Sedillot 203
Séguier 123
Sémonville (de) 52, 76
Souton 116
Stendhal 118
Sturm 98, 153, 157, 168, 170

T

Tessier 163
Teysseyrre 59, 76, 113
Thénard 160
Thiers 122
Thiroux de Crosne 12, 13
Thouret 13
Tocqueville 176
Tortolini 129
Tour (comte de la) 136
Trébuquet 139

V

Vaillant 208
Valson 212, 213
Vanneau 124
Villèle 119, 120
Villemain 158
Villeneuve-Bargemont (de) 163, 176, 178
Villeneuve (marquis de) 141
Villermé 176
Voltaire 116

W

Wailly 211
Wallon 211
Weierstrass 195, 213
Wessel 192

Aubin Imprimeur
LIGUGÉ, POITIERS

Achevé d'imprimer en janvier 1988
N° d'édition 0510-02 / N° d'impression P 260
Dépôt légal janvier 1988 / Imprimé en France